US Army Rangers 1989-2015:
Osprey Elite Series

米陸軍レンジャー

パナマからアフガン戦争

リー・ネヴィル著
床井雅美監訳
茂木作太郎訳

並木書房

はじめに

　アメリカ陸軍第75レンジャー連隊は、激戦を戦い抜きながら、現在も成長を続けている。この部隊の歴史は長く、1750年代のフレンチ・インディアン戦争（訳注1）で活躍した「ロジャーズ・レンジャー」（訳注2）にまで起源をさかのぼることができる。レンジャー連隊は数々の武勇とその実績に裏付けられた高いポテンシャルを発揮して、これからも新たな道を歩み続けるだろう。

　本書は約30年前にゴードン・L・ロットマンが著述したオスプレイ社刊のエリートシリーズ『アメリカ陸軍レンジャー＆長距離偵察パトロール（LRRP）1942-1987』の続編だ。したがって本書はレンジャーの現代史について詳述しており、初期の歴史については重複を避けるため簡単な記述にとどめた。

　現代のレンジャー部隊の先駆けとなったアメリカ第1レンジャー大隊は、真珠湾が攻撃された6カ月後の1942年6月にイギリス軍の特殊部隊コマンドゥをモデルにして誕生し、初期の訓練もイギリス軍が行なった。この部隊は、戦線の背後の敵地域への挺進行動による襲撃を担当した。

　1942年8月には少人数のレンジャーがイギリス軍とカナダ軍と行動をともにして、フランス沿岸のディエップ奇襲作戦（訳注3）に参加している。

第75レンジャー連隊第2大隊のピーター・クリンポス軍曹は、2013年3月20日に銀星章を授与された。2012年10月12日、クリンポス軍曹は、アフガニスタン・ガズニー州での戦闘で、友軍の2人の負傷者に近づいてきた3人の敵兵を建物の屋根から狙撃し、同時に2カ所の敵陣地を制圧した。この行動で負傷者は無事に後送された。イラクとアフガニスタンの戦争では、1個の名誉勲章、1個の殊勲十字章、49個の銀星章、300個以上の銅星章、600個以上の名誉戦死傷章がレンジャーに贈られた。

クリンポス軍曹はクラスAの制服と連隊章がついた淡褐色のベレー帽を着用。肩には上からレンジャーのショルダー・タブ（課程修了者章）、第75レンジャー連隊第2大隊のスクロール（巻紙の形状をした所属部隊章）、階級章が付けられている。ショルダー・ストラップには戦闘指揮官を示す金属製の連隊章が付いたグリーンのループが通されている。当初は非公式なものとして1950年代から着用されてきた黒のベレー帽は、2001年に陸軍参謀長が陸軍の兵士全員に黒のベレー帽の着用を認めたときに、淡褐色に変わった。この色の変更は、大量の生産を受注したのが中国だったこともあり論争の種となった。制服の胸には勲章のリボンを短冊状にした略綬とその上に歩兵戦闘章、略綬の下に連隊のシンボルカラーの黒地にパラシュートをあしらった楕円形の空挺徽章、その隣に上級射撃徽章を着用している。（US Army）

第2次世界大戦中の「メリルの襲撃者」の部隊章をあしらった第75レンジャー連隊のベレー帽の徽章。連隊のシンボルカラーの黒地がこれを取り囲む。

　創設後、レンジャー部隊は規模が6個大隊に増強され、北アフリカ、イタリア、ヨーロッパ、太平洋の各戦線で活躍した。レンジャー部隊が実施した任務の多くは、主要後続部隊が必要とする海岸や降着地域などの重要地点の確保だった。

　ジェイムス・ラダー中佐が指揮をとった第2レンジャー大隊は、1944年6月6日に行なわれたポワント・デュ・オックのドイツ軍砲台強襲作戦でレンジャーの敢闘精神を発揮したことで有名になった。

　フランス・ノルマンディーに敵前上陸したレンジャーは、90フィート（27メートル）の断崖を鉤つきのロープで銃火にさらされながら登攀した。レンジャーは、断崖の上にたどり着き、敵と交戦を開始してはじめてドイツ軍が砲台を600ヤード（549メートル）も後方に移動させていたことを知る。

　レンジャーは、敵の抵抗を排除しながら前進し、やがて海岸

レンジャーの信条

- 私は自らが選択した職業の危険性を十分に理解して志願したレンジャーです。いかなるときも私はレンジャーの威信と栄誉、精神を擁護するよう努めます。
- レンジャーは傑出した兵士であり、最前線に陸、海、空から到達します。私はレンジャーであり、いかなる兵士よりも遠くへ速く動き、激しく戦いを挑むことを母国が私に期待しています。
- 私はいかなるときも戦友を裏切りません。私はつねに警戒を怠らず、強靭な身体を保ち、正しい道徳心をもって、どのような任務であろうとも自分に与えられた以上の任務を引き受け、完遂し、さらなる任務を求めます。
- 私は勇気をもって、特別に選び抜かれ、十分に訓練を積んだ兵士であることを世界に証明します。
- 私はあとに続く兵士に上官に対する礼儀正しさと、端正な服装、行き届いた装具の維持の見本となります。
- 私は勇敢に敵と対峙します。
- 私は厳しく訓練され、全身全霊を傾けて戦う兵士であり、必ず敵を打ち倒します。レンジャーに降伏という言葉はありません。倒れた戦友を敵の手に渡しません。いかなることがあっても、国を辱めません。
- 求められれば、私は直ちに自分の勇敢を証明し、最後の1人となっても任務を完遂します。
- レンジャーが先に行く！

砲を発見するとこれを破壊した。このレンジャー大隊は、激戦によって多くの兵員を失い、中隊規模までの人数となったが、防御線を確立し、交代部隊が2日後に到着するまでドイツ軍の反撃を幾度も跳ね返し耐え抜いた。

太平洋戦線でレンジャー部隊は、史上最大規模の捕虜（POW）救出作戦を1945年1月30日に実施した。ジャングルを長時間前進し、フィリピン人ゲリラと合流したヘンリー・A・

オリーブ・ドラブ（OD）色の戦闘服を着用した1980年代のレンジャー隊員。戦闘帽には低視認性の「レンジャー」タブが縫い付けられている。のちのM4とM4A1の原型となったするコルト社製XM177サブマシンガン（カービン）で武装している。（US Army）

ムチ中佐率いる第6レンジャー大隊の1個中隊は、日本軍によって殺害のおそれのあった捕虜の救出作戦に従事した。

このレンジャー中隊は、ルソン島カバナチュアンの捕虜収容所を急襲、500人以上の連合国軍捕虜を救出して安全地帯へと誘導し、日本軍に多くの損害を与えた。この作戦でレンジャー側の損失は戦死者2人と負傷者10人にとどまった。

第2次世界大戦が終結すると、アメリカ陸軍は特殊部隊の必要性を見いだせず、レンジャー部隊を解隊してしまった。1950年に朝鮮戦争が始まると、急遽、志願兵による空挺レンジャー中隊が再び編成され、1950年9月にジョージア州のフォート・ベニングに（空挺）レンジャー訓練センターが開設された。

1951年2月までに17個中隊が編成され、そのうちの6個中隊が朝鮮半島に送られたものの、さまざまな理由から部隊はまもなく廃止となった。

　レンジャー部隊はなくなったものの、フォート・ベニングのレンジャー訓練センターは継続して運営され、1950年代から60年代にかけて活躍した長距離偵察パトロール（LRRP）中隊の創設につながった。LRRPはイギリスの特殊空挺部隊（SAS）をモデルに編成され、ベトナム戦争で長距離偵察パトロールの必要性が高まるにつれて、中隊の数も増加していった。

　1960年になると、レンジャーの伝統と戦功はアメリカ陸軍特殊部隊へ引き継がれ、1969年にはLRRP中隊は、第2次世界大戦時にビルマでの作戦で有名になった第475歩兵連隊（「メリルの襲撃者」の愛称を持つジャングル挺進隊）の後身である第75歩兵連隊にその伝統が受け継がれた。

　派兵時期こそ異なるものの、中隊規模で戦線に投入されたLRRP部隊のすべては第75歩兵連隊の所属部隊となり、中隊名にレンジャーを冠することが許された。

　ベトナム戦争後、特殊部隊の将来像が明確に示されなかったにもかかわらず、1974年1月31日にフォート・ベニングで第75歩兵連隊第1大隊が編成され、10月にはワシントン州のフォート・ルイスで第2大隊が新編されている。この2個大隊の隊員には多様な状況・環境下で短期間のダイレクト・ミッション（訳注4）を遂行しうる軽歩兵として高度な訓練が実施された。

　ダイレクト・ミッションには飛行場や指揮統制・通信施設などの重要目標の襲撃、通信網の破壊などが含まれていた。当初はLRRPだけでなく後方の警備も担当していた。のちに後方警

備の任務は、対テロリスト作戦や捕虜救出作戦などの新任務に取って代わった。任務を果たすべく多種多様の厳しい訓練が部隊に課され、個々の兵士も一般の歩兵が習得しなければならない以上の技術が求められた。

1980年4月に、イスラム学生に占拠されたテヘランのアメリカ大使館から人質救出を試みた「イーグル・クロー作戦」が失敗すると、その年の12月に統合特殊作戦コマンド（JSOC）が新設され、JSOCは特殊任務部隊（SMU）が必要とする隠密行動とその準備を調整することになった。

いままでに公表されたSMUには、陸軍の第1特殊作戦部隊デルタ作戦分遣隊、シールズ・チーム6と呼ばれた現在の海軍特殊戦開発グループ（DEVGRU）、空軍の第24特殊戦術飛行隊が含まれる。陸軍の第75レンジャー連隊と第160特殊作戦航空連隊（SOAR）も統合特殊作戦タスク・フォースの一員として派兵されるときは、JSOCの指揮下に入る。

1983年10月25日に「アージェント・フュリー作戦」が開始されると、カリブ海の島国グレナダのポイント・サリネス国際空港に第1、第2レンジャー大隊の隊員約500人がパラシュート降下し、流血の惨事が発生していた同国で約360人のアメリカ人学生の安全を確保した。

「アージェント・フュリー作戦」を成功させた第1、第2レンジャー大隊は高い評価を得た。1984年10月3日、フォート・ベニングで第3レンジャー大隊が新たに編成され、連隊本部と3個大隊から構成されるレンジャー部隊として編成完結した。

1986年4月17日になると、第75歩兵連隊（レンジャー）は第75レンジャー連隊と改称され、第2次世界大戦と朝鮮戦争で活

1987年に撮影された空軍の戦術航空統制部隊隊員（ETAC）から指示を受ける第2大隊のレンジャー隊員。レンジャーは部隊固有のOD色の戦闘服と戦闘帽を着用している。戦闘帽の後部にはキャッツ・アイと呼ばれる夜間反射材が縫い付けられている。この戦闘服はこの年の後半に森林地帯用の迷彩戦闘服に変更された。（US Air Force）

躍したレンジャー部隊の血筋を引く精鋭部隊が復活した。

訳注1：北アメリカ大陸で英仏が戦った戦争で、フランスがインディアン部族と同盟を結んでいたことから、英語圏ではこう呼ぶようになった。

訳注2：フレンチ・インディアン戦争でイギリス軍の指揮下に入ったアメリカ植民地兵部隊。ロバート・ロジャーズ少佐が組織、訓練を担当し、イギリス軍の軽歩兵・偵察部隊となった。冬期の渡河作戦などで成功を収めた。

訳注3：1942年8月19日に行なわれた連合国軍によるドイツ占領下のフランスへの上陸作戦。連合国軍の惨敗に終わった。

訳注4：ダイレクト・ミッションは短時間に小規模な進攻を行なう特殊作戦のこと。作戦地域への侵入は軍事的や政治的な困難がともなう。作戦は目標の奪取や破壊、容疑者の拘束、人質の救出などを目的に行なわれる。

目　次

はじめに 1

第1章　レンジャー連隊の訓練と組織 14

レンジャー評価・選考プログラム（RASP）／第75レンジャー連隊の編制

第2章　ジャスト・コーズ作戦（パナマ進攻） 30
1989年12月20日～1990年1月31日

第75レンジャー連隊の任務／ロメオ（R）支隊のリオ・アト飛行場急襲／タンゴ（T）支隊のトクメン／トリホス国際空港急襲／ノリエガ拘束

第3章　砂漠の嵐作戦（第1次湾岸戦争） 46
1991年1月17日～2月28日

対イラク作戦のレンジャー連隊／イラク軍の通信施設を破壊

第4章　ゴシック・サーペント作戦
（ブラックホーク・ダウン） 52
1993年8月22日～10月13日

ソマリアのタスク・フォース・レンジャー／民兵組織への急襲・拘束作戦／「ブラック・シーの戦い」／2機目のブラック・ホ

ーク墜落／「ブラック・シーの戦い」がもたらした教訓／新たな任務の始まり

第5章　不朽の自由作戦（アフガニスタン） 76
2001年10月7日〜

アフガニスタンでの特殊作戦／幻のオマル襲撃作戦／ビン・ラーディンを取り逃がす／タクルガル山の激戦／削減されたアフガニスタン駐留兵力／元フットボール選手の非業の死／増大する任務／初めての名誉勲章／アフガニスタンへの兵力増派／「チーム・メリル」の作戦／タリバンとの激戦／「エクトーション・ワン・セブン」墜落の悲劇／現在も続くアフガニスタンの戦い

第6章　イラクの自由作戦 112
2003年3月20日〜2011年12月15日

知られざる「タスク・フォース20」／イラク軍機甲部隊との戦い／生物・化学兵器研究所への強襲作戦／「サーペント・ターゲット」への空挺作戦／レンジャー最大の作戦／ハディーサ・ダムの攻略・奪取作戦／イラク軍による迫撃砲の猛射／レンジャーと戦闘管制官の連携／自爆テロによる最初の犠牲者／ジェシカ・リンチ上等兵の救出作戦／M1A1戦車とT-55戦車の戦い／重要人物の捕獲に成功／伝説となった近距離戦闘／「タスク・フォース・ノース」の被疑者追跡作戦／アルカイダ指導者ザルカウィの追跡／拉致されたイギリス人ジャーナリストを救出／イラク新政府の作戦介入／イラク・アルカイダのナンバー2を射殺／レンジャー最後のイラク作戦

第7章　進化する第75レンジャー連隊　156

変わるレンジャーの任務／レンジャーにも女性進出／「我々は特殊作戦部隊である」

第8章　レンジャーの武器　164

M9ピストルから新型拳銃へ／M4A1とアサルト・ライフルの更新／スナイパー・マークスマン用ライフル／分隊支援機関銃の多様化／グレネード・ランチャーと迫撃砲

［コラム］

レンジャーの信条　5
RASPの必須条件　19
パナマ、アラビア湾、ソマリア（1989～1993年）での軍装　36
ソマリア（1993年）とアフガニスタン（2001～2002年）での軍装　56
イラクとアフガニスタン（2003～2007年）での軍装　80
「不朽の自由作戦」（アフガニスタン、2009～2013年）での軍装　102
特殊作戦車両（RSOV）126
武勇を讃える部隊賞詞　132
陸上機動車（GMV）134
M1126ストライカー装甲兵員輸送車　160
MH-6リトル・バード特殊作戦用ヘリコプター　176

参考文献　180
監訳者のことば　181

略語解説

- ACOG（新型戦闘光学照準器）
- ACU（陸軍標準戦闘服）
- AFV（装甲戦闘車両）
- ALICE（多目的軽量個人携行装具）
- AOR1（軍事担当地域区分1）
- APFT（陸軍身体能力テスト）
- ASM（対建造物弾薬）
- AT（対戦車）
- ATGM（対戦車ミサイル）
- BALCS（ボディー・アーマー装具携行システム）
- BDU（戦闘服）
- CAGE（クライ・プリシジョン社製アサルト・ギア）
- CIA（中央情報局）
- CIRAS（戦闘統合脱着可能アーマー・システム）
- COIN（対反乱勢力鎮圧）
- CQB（近接戦闘）
- CSAR（戦闘捜索救難）
- CST（文化支援チーム）
- DAP（直接行動突入部隊）
- DBDU（砂漠用戦闘服）
- DCU（砂漠迷彩戦闘服）
- DEVGRU（海軍特殊戦開発グループ）
- EOD（爆発物処理）
- ETAC（空軍戦術統制部隊員）
- FARP（前線給油点）
- FRIES（ファストロープ降下・離脱システム）
- GMV（陸上機動車）
- HALO（高高度降下低高度開傘）
- HIMARS（高機動ロケット砲システム）
- HMMWV（高機動多用途装輪軽車両）
- HVT（重要ターゲット）
- ICV（兵員輸送車）
- IED（即席爆発物）
- IFF（敵味方識別）
- ISAF（国際治安支援部隊）
- ISR（情報・監視・偵察）
- JDAM（統合直接攻撃弾薬）
- JSOC（統合特殊作戦コマンド）
- JSOTF（統合特殊作戦タスク・フォース）
- JTAC（統合戦術航空統制官）
- KIA（戦死者）
- LAW（対戦車ロケット弾）
- LBE（装具携行装備）
- LRRP（長距離偵察パトロール）
- MARSOC（海兵隊特殊作戦コマンド）
- MEDSOV（野戦救急車）
- MET（作戦必須任務）
- MICH（モジュラー統合通信ヘルメット）
- MILES（複合レーザー交戦システム）
- MOPP（対化学・生物・放射線・核戦闘防護服）
- MORTSOV（迫撃砲搭載車）
- MOS（特技）
- MOUT（市街地戦闘行動）
- MPC（多用途犬）
- MRAP（耐地雷・伏撃防護車両）
- NAI（情報収集拠点）
- ODA（特殊作戦分遣隊アルファ）
- PASGT（地上兵個人防護システム）
- PCU（戦闘防護服）
- POI（教育プログラム）
- POW（捕虜）
- QRF（即応部隊）
- RACK（レンジャー襲撃携行装備）
- RASP（レンジャー評価・選考プログラム）
- RAWS（レンジャー対戦車武器システム）
- RBA（レンジャー・ボディー・アーマー）
- RFR（レンジャー初期対処法）
- RIP（レンジャー教育プログラム）
- RIS（レール統合システム）
- RLCS（連隊装具携行システム）
- ROE（交戦規定）
- RPG（携帯ロケット弾）
- RRC（レンジャー偵察中隊）
- RRD（レンジャー偵察分遣隊）
- RRV（ロデーシアン・リコン・ベスト）
- RSAE（レンジャー水泳能力測定）
- RSOV（レンジャー特殊作戦車両）
- RSTB（連隊特殊作戦大隊）
- RTO（レンジャー無線・通信コース）
- SAS（特殊空挺部隊）
- SASR（特殊用途スコープ付ライフル）
- SAW（分隊支援火器）
- SBS（特殊舟艇部隊）
- SCAR（特殊作戦部隊用戦闘アサルト・ライフル）
- SERE（生存・回避・抵抗・脱走）
- SMU（特殊任務部隊）
- SNA（ソマリ国民連合）
- SOAR（特殊作戦航空連隊）
- SOCOM（特殊作戦コマンド）
- SOF（特殊作戦部隊）
- SOFA（地位協定）
- SOPMOD（特殊戦用特別改良）
- SPEAR（新型特殊作戦要員必須装備）
- SPW（特殊目的火器）
- SSE（精密現地調査）
- SURT（小規模部隊レンジャー戦術）
- UAV（無人航空機）
- UNOSOM II（第2次国際連合ソマリア活動）
- VSO（集落安定作戦プログラム）

第75レンジャー連隊第3大隊C中隊の歩兵小隊が目標建造物へ襲撃を行なう。2011年のレンジャー・ランデブーの行事で披露された部隊の行動展示。(US Army)

第1章
レンジャー連隊の訓練と組織

レンジャー評価・選考プログラム（RASP）

　レンジャー学校はアメリカ陸軍でも有名な教育訓練機関で、1950年代から中隊配属将校と下士官に対して、パトロールや小部隊戦術と戦場におけるリーダーシップの教育を実施してきた。

　レンジャー学校は、第75レンジャー連隊専門の訓練学校ではなく、アメリカ陸軍将兵の全員に対して門戸を開いており、選抜された海軍・空軍・海兵隊の将兵も入校することができる。

　1000時間に及ぶ実戦訓練のうち、半数の時間が夜戦訓練に費やされ、入校者は広範囲にわたる特殊任務に必要な能力、技術を習得する。訓練プログラムには、さまざまな任務を想定して山岳、熱帯雨林・湿地、砂漠などでの訓練も含まれている。

　教育プログラムはきわめて高度なものである。2007年以降の統計で、卒業できるのは入校者の50パーセントに満たない。第75レンジャー連隊（単にザ・レジメントと呼ばれる）に所属しているかどうかに関係なく、61日間の訓練コースを修了し、レンジャーのショルダー・タブ（袖の最上部に付ける課程修了者章）を付けることを許された将兵が「レンジャー」と呼ばれる。

　またレンジャー学校を卒業しているかどうかは、第75レンジャー連隊への配属にあたっては関係ないが、連隊内での昇進はショルダー・タブを手にしているかどうかが関係し、連隊配属の将校と下士官はショルダー・タブの取得が義務づけられている。

派兵の前に市街地戦闘行動（MOUT）を訓練する第1大隊のレンジャー隊員。この隊員は特殊戦用特別改良（SOPMOD）ブロック2キットを用いて改良したM4A1カービンで武装している。カービンにはEOTech社製光学照準器、LA-5（AN/PEQ-15）赤外線イルミネーターとシュアファイア社製スカウト・ライトが取り付けられている。(75th Ranger Regiment)

　アメリカ軍の兵士なら誰もがうらやましがる淡褐色のベレー帽と第75レンジャー連隊の部隊スクロール（レンジャー・ショルダー・タブの下に付けられる巻紙形状の部隊章、ショルダー・タブとスクロールは57ページのイラストを参照）を獲得するために、兵士はレンジャー学校の訓練とは別の過酷な選考プログラムをくぐり抜けなければならない。

2010年までレンジャー教育プログラム（RIP）として知られてきた兵・初級下士官向けの選考プログラムは現在、レンジャー評価・選考プログラム（RASP）レベル１と改称され、レンジャー連隊所属の特殊作戦大隊のレンジャー選考・訓練中隊の手によって実施されている（レンジャー連隊の詳細は後述）。

　かつてのRIPは４週間の訓練コースで、2004年に追加された４週目に行なわれる戦闘射撃が重視されていた。

　現在のRASPは８週間の訓練コースで、後述するような２つの性格の異なる教育プログラムが存在する。

　入校者のうちで最大75パーセントがRASP１から落伍する。とくに戦争時に落伍者が多くなる傾向が強い。すでにレンジャー学校を卒業している第75レンジャー連隊配属の上級下士官、准士官、将校が対象のRASP２は、短期の21日間の日程が組まれているだけだ。

　入校を志願する将兵はRASPが始まるまでに空挺基本課程の修了資格を取得していなければならない。それだけでなく、本科の前にレンジャー予科課程を修了し、レンジャーとなれる基礎能力を有していることが入校の条件となる。

　RASP１のフェーズ１は旧RIPと同様に主としてレンジャーになるための身体・心理能力の向上が重要視される。同時に主要な小火器――Ｍ４Ａ１カービン、Mk46分隊支援機関銃、M240B汎用機関銃、Ｍ２重機関銃、敵の標準火器であるAK-47アサルト・ライフル――に関する教室での教育が行なわれ、パラシュート降下の再訓練やレンジャーの歴史と伝統、レンジャー初期対処法（RFR）と呼ばれる戦場における応急処置の授業なども行なわれる。

RASPの必須条件

- 陸軍身体能力テスト（APFT）で、240点以上を獲得すること。テストの検定科目のいずれも80点以上であること。
- 5マイル（8キロ）を40分以下で完走すること。
- 35ポンド（15.8キロ）の背嚢を背負って、12マイル（11.3キロ）の行軍を3時間以内に終えること。
- レンジャー水泳能力検定（RSAE）に合格し、水中行動に問題がないこと。
- 心理テストにおいて問題がないこと。連隊臨床心理士による問診で大きな異常が認められないこと。
- RASP1候補者は防諜審査に合格し、秘密情報取り扱い許可を得ること。RASP2候補者は訓練の開始までに中級秘密取り扱い許可を得る必要がある。
- 指揮官委員会の面接試験に合格しなければならない。同期候補者と教官から優秀な総合評価を得ていることがRASP1候補者が面接試験に進む条件となる。全員のRASP2候補者がこの面接試験を受ける必要がある。
- 第75レンジャー連隊に配属されるためには、候補者はRASP1の教育プログラム（POI）を修了する必要がある。

　続くフェーズ2になると履修項目が増え、上級射撃課程や近接戦闘（CQB）訓練、基礎的な爆発物を使用した、あるいは個人の技能を用いた侵入方法を学ぶレンジャー突入コース、徒手格闘を学ぶ特殊戦戦闘プログラム、高機動多用途装輪軽車両（HMMWV、通称ハンヴィー）をベースにレンジャー向けに改良された陸上機動車（GMV）を用いた機動訓練などが実施される。

　近年この段階でM1126ストライカー装甲兵員輸送車（ICV）や耐地雷・伏撃防護車両（MRAP）の乗車習熟訓練も行なわれ

2014年にカルフォルニア州キャンプ・ロバーツで撮影された派兵前に夜間戦闘を訓練する第2大隊のレンジャー隊員。レンジャーの顔がAN/PVS-15暗視装置の緑の光でぼんやりと照らされている。隊員は導入されてまもないOps-Core社製バリスティック・ヘルメットを着用している。(US Army)

るようになった。

　フェーズ2は実質的にレンジャー候補者を実戦を想定して訓練するものであり、修了者はすぐに戦地へ派遣されたり、レンジャー大隊へ配属となる。

　RASP 1の修了者のうち前進観測員など通信を特技（MOS）とする者は3週間のレンジャー無線・通信コース（RTO）へと進む。RASPを修了した衛生兵は6週間の特殊戦戦闘衛生予科で予備教育を受けたのちに、9カ月の特殊戦戦闘衛生本科へと進む。本科を修了した衛生兵は、民間の看護師よりも多くの資格を手にする。

　レンジャーはレンジャー外国語学校や、自由降下課程、潜水課程、あるいは生存・回避・抵抗・脱走（SERE）学校に入校することもある。最短でも8カ月を連隊で過ごし、まだショルダー・タブを付けていない兵士は、3週間の小規模部隊レンジャー戦術（SURT）課程に参加することができ、SURTをステップにしてレンジャー学校に進むことになる。

第75レンジャー連隊の編制

　現在の第75レンジャー連隊は4個大隊で編成されている。第75レンジャー連隊の第1大隊はジョージア州ハンター陸軍飛行場に、第2大隊はワシントン州のフォート・ルイスに、第3大隊はジョージア州のフォート・ベニングに駐屯している。連隊特殊作戦大隊（RSTB）もフォート・ベニングに駐屯している。

　RSTBは2006年に創設され、特殊技能を活かして3個レンジャー大隊を支援する。RSTBによって戦力が増強されること

2010年にノースカロライナ州フォート・ブラッグでMH-47Eチヌーク特殊作戦用ヘリコプターからファストロープ降下の訓練をするレンジャー隊員。レンジャーは落下傘降下、ファストロープ降下、着陸した第160特殊作戦航空連隊（SOAR）のヘリコプターから展開する訓練を受けている。（US Army）

レンジャー隊員が空軍のC-17グローブマスターIII輸送機からパラシュート降下する。2009年8月3日にジョージア州フォート・ベニング演習場内のフライヤー降下地点で撮影。大規模降下は1週間にわたり繰り広げられるレンジャー・ランデブーの幕開けに行なわれ、このイベントでは連隊の戦術と戦闘能力が隊員家族と元隊員に対して披露される。(米国防省)

で、各レンジャー大隊の長期行動が可能となり、実行可能な任務も増大する。

　RSTBは、連隊偵察中隊（RRC）、最新の通信技術を有するレンジャー通信中隊、ヒューミント（人的諜報）やシギント（通信傍受）、イミント（画像諜報）などからの情報の収集と分析を行なうレンジャー情報中隊で構成され、加えてRASPとSURTを担当するレンジャー選考・訓練中隊と合わせると4個中隊からなる。

　各レンジャー大隊は本部と本部中隊、4個歩兵中隊（A～D中隊、D中隊は連隊の作戦運用の頻度が高まったために、2007年に増設された）と、2005年に後方支援を担当するために追加

第75レンジャー連隊を代表して2008年レンジャー競技会に参加するアンドリュー・フックチッロ軍曹。軍曹は早朝の冷たい水と有刺鉄線と格闘しながら、自身を奮い立たせている。2008年4月18日、ジョージア州フォート・ベニングで撮影。(75th Ranger Regiment)

されたE中隊によって構成されている。

　大隊本部直轄の迫撃砲小隊は必要に応じて歩兵中隊や小隊に同行し、81mmや120mm迫撃砲で火力支援にあたる。

　各歩兵中隊は3個歩兵小隊と武器小隊によって構成されている。武器小隊は中隊レベルで運用される2門の60mm迫撃砲を扱う1個班、および84mm無反動砲カール・グスタフM3レンジャー対戦車武器システム（RAWS）、FGM-148ジャヴェリン対戦車ミサイル（ATGM）、そして使い捨ての84mmAT-4（M136）対戦車無反動砲を使用した火力増強にあたる3個対戦車（AT）チームによって構成されている。

　1990年代末までスナイパー班も武器小隊に所属していたが、

レンジャー連隊の訓練と組織　25

フォート・ブラッグで行なわれた演習でMH-6リトル・バード特殊作戦用ヘリコプターに搭乗したレンジャー攻撃チーム。隊員6人が着席できる機外搭乗システムの上部にファストロープ降下・離脱システム（FRIES）のマウントが取り付けられている。（US Army）

現在はスナイパー小隊となり、大隊直轄となった。

　各歩兵小隊は、小隊長、小隊付き軍曹、無線・通信手などの小隊本部と3個歩兵分隊、武器分隊で構成されている。

　武器分隊は分隊長の下に2人1組の機関銃チームが3個チー

ヘリコプターの着陸が困難な建物屋上にはMH-6が数フィートまで接近し、レンジャー襲撃部隊員がFRIESを使用してファストロープ降下する。高度の技術を持つ第160特殊作戦航空連隊（SOAR）のパイロットが操縦するMH-6は、狭い屋上や目標周辺の狭い道路へレンジャーを送り込む。（US Army）

ムある。要員が充足したレンジャー歩兵分隊は、隊員がそれぞれ9人編成の2個チームに分かれて作戦を行なう。状況や行動に合わせて歩兵分隊に武器分隊の機関銃チームや中隊の武器小隊から3人の対戦車チームが配属される。また60mm迫撃砲チ

ームが歩兵分隊に配属されることもある。

　状況によってこれ以外の要員がレンジャー部隊に同行することもある。アフガニスタンで行動したレンジャー小隊には次のような要員が同行したとされている。

　小隊固有の軍用犬チーム、少なくとも1人の衛生兵、通訳、爆発物処理（EOD）特技兵、大隊のスナイパー小隊所属のスナイパー・チーム、迫撃砲もしくはM142高機動ロケット砲システム（HIMARS）の弾着を観測する前進観測員、空軍前線航空統制官あるいは統合戦術航空統制官（JTAC）、そしてアフガニスタン市民との交流を手助けするための文化支援チームがレンジャー小隊と行動をともにしていた。

米陸軍空挺徽章

自由降下空挺徽章

エアボーン（空挺）のタブ（肩章）。上から通常軍服、礼服、迷彩服用。

（監訳者提供）

通信訓練中の第2大隊のレンジャー隊員。2014年1月31日にカルフォルニア州キャンプ・ロバーツで行なわれたタスク・フォース訓練。(US Army)

建物内を掃討する第2大隊のレンジャー隊員。2014年1月23日にカルフォルニア州フォート・ハンター・リゲットで行なわれた演習の様子。(US Army)

第2章
ジャスト・コーズ作戦
（パナマ進攻）
1989年12月20日～1990年1月31日

第75レンジャー連隊の任務

1989年12月20日、アメリカはパナマに進攻した。作戦の目的はマヌエル・ノリエガ（彼個人も麻薬密輸出の疑いで起訴されていた）と彼の軍隊が支配するパナマに在留していたアメリカ国民を保護することであった。

当初の平凡な「ブルー・スプーン作戦」の名称は、のちに「ジャスト・コーズ（正義）作戦」に改められた。この作戦で第75レンジャー連隊は初めて全兵力で作戦に参加することになった。与えられた任務は敵飛行場の急襲と確保などだった。

レンジャー連隊に与えられた任務は、「ジャスト・コーズ作戦」の実施において不可欠なものであり、ほかのアメリカ軍の参戦部隊に与えられたものより危険なものだった。

デルタ・フォースなどの特殊任務部隊の近接支援にあたったのは第160特殊作戦航空連隊（SOAR）で、SOARとレンジャーは密接に協同し、このときの大規模襲撃作戦がレンジャーの将来像を決定づけたと言われている。

ジャスト・コーズ作戦でレンジャー連隊は、初めて統合特殊作戦コマンド（JSOC）の指揮下に入り、この指揮形態がそののちも長く続くことになった。

レンジャーは「タスク・フォース・レッド」（のちにアフガニスタンとイラクでもこの名称は使われた）とされ、ネイビー・シールズのチーム6は通常「タスク・フォース・ブルー」、デルタ・フォースは「タスク・フォース・グリーン」とされた。

この組織系統でレンジャーはさらに二分化され、「タスク・フォース・レッド・ロメオ（R支隊）」と「タスク・フォー

1989年12月、パナマのトクメン／トリホス国際空港を占領した第3大隊のレンジャー隊員。地上兵個人防護システム（PASGT）を着用し、ヘルメットに敵味方識別（IFF）のためのスクリム（薄手の綿布）を装着している。作戦で敵味方の識別に注意が払われたが、数人のレンジャーが同士討ち（ブルー・オン・ブルー）で残念ながら命を落とした。（米国防省）

ス・レッド・タンゴ（T支隊）」になった。

　R支隊は第2大隊と第3大隊で構成され、第2大隊はレンジャー即応部隊になり、C中隊を除く第3大隊は陸軍心理戦部隊と空軍特殊戦術部隊を同行し、第160特殊作戦航空連隊（SOAR）所属のAH-64Aアパッチ戦闘ヘリコプターとチーム・ウルフと呼ばれたAH-6キラー・エッグ攻撃ヘリコプターの支援を受けた。

　空軍はAC-130スペクター攻撃機（ガンシップ）を派遣し、上

空から周辺の警戒にあたった。R支隊の任務はリオ・アトにある軍用飛行場の確保だった。ここでR支隊は2個中隊に相当するパナマ軍部隊を撃滅し、後続部隊が滑走路を使用できるよう確保した。

T支隊は心理戦部隊と空軍特殊戦術部隊を同行した第1大隊と第3大隊のC中隊で構成されており、やはりSOAR所属のAH-6と空軍のAC-130の支援を受けた。

T支隊の任務は中隊規模のパナマ軍空挺部隊が守っていたトクメン／トリホス国際空港（トクメンがパナマ空軍施設でオマル・トリホスが民間空港であった）を急襲して確保することだった。

パナマ運河がパナマ軍の手に落ちたときに備えて、第75レンジャー連隊は数年にわたりパナマ運河を強襲する訓練を行なっていたが、情報不足のため、迅速な行動をとることができなかった。一方、混乱のさなかに安全地帯へ逃げようとする一般市民に被害が及ぶことを避ける必要があった。

R支隊とT支隊は、夜間に500フィート（152メートル）から戦闘降下を行なった。この降下は連邦航空局が規定する最低安全高度を100フィート（30メートル）下回っていた。

　使用したパラシュートは落下方向を制御することのできない旧式化したT-10落下傘だった。隊員は約100ポンド（45キロ）の装備品を背負っていたため、着地の際、足首の捻挫から骨折まで多数の重軽傷者を出した。

　のちに新型T-11パラシュートが採用されたことで、コンクリートの滑走路に直接着地しても、負傷率は1パーセント未満に低下した。

ロメオ（R）支隊のリオ・アト飛行場急襲

　MH-6リトル・バード特殊作戦用ヘリコプターに搭乗した空軍特殊戦術隊員が敵地に潜入し、降下地点へ誘導するビーコンを設置したあと、12月20日の午前1時03分（現地時間）にR支隊はリオ・アトにパラシュート降下を開始した。

　2時間以内に最初の後続部隊が到着するための安全が確保された。パナマ軍の抵抗を封じこめるために、F-117Aナイトホーク戦闘攻撃機による爆撃が行なわれたが、この空襲は効果的でなかった。敵は制圧されたはずだったにもかかわらず、後続の本隊を乗せたC-130ハーキュリーズ輸送機とC-141スターリフター輸送機が対空機関砲と小火器の反撃を受ける結果になった。13機のうち11機が被弾し、搭乗していた兵士のうち少なくとも1人が負傷した。

　F-117Aは、敵兵士の死傷を最小限とし、同時に戦意を失なわせるため、パナマ軍の兵舎から500ヤード（457メートル）離れ

パナマ、アラビア湾、ソマリア (1989〜1993年) での軍装

❶「ジャスト・コーズ作戦」(パナマ、1989年)

イラストのレンジャーは軽量化された森林地帯用の迷彩戦闘服(BDU)と迷彩のPASGTボディー・アーマーを着用。ヘルメット・カバーに、森林地帯用の迷彩の生地を短冊状に裂いたスクリムを付けている。スクリムはカムフラージュと敵味方の識別(IFF)を可能にするため、パナマの作戦で用いられた。このイラストのレンジャーは5.56mm×45 M16A2ライフルの銃身の下に小型のマグライトをテープで固定し、暗い中で敵を照射できるように工夫している。熱帯雨林用のブーツ、多目的軽量個人携行装具(ALICE)の緑色迷彩に準じた装具携行装備(LBE)、市販の黒いニー・パッド(膝当て)を着用し、緑の生地に黒い文字の低視認性の「第2レンジャー大隊」スクロールが戦闘服の左肩に縫い付けられている。

❷「砂漠の嵐作戦」(サウジアラビア、1991年)

M249分隊支援機関銃(SAW)射手は6色の「チョコレート・チップ」模様の砂漠用戦闘服(DBDU)と緑色迷彩のLBEとマガジン・パウチを着用している。ボディー・アーマーは戦闘服と同じ色調のPASGT標準装備品だ。イラストのレンジャーが装着している防塵ゴーグルと同系の派生型がソマリア、アフガニスタン、イラク戦争の初期に使われた。このゴーグルは、周辺視野が3分の1以上制限されてしまうこともあって、いまは透明なスポーツ・サングラスに似た防護メガネが広く使われている。夜間に光が遠くまで届きにくい赤色フィルターをつけた懐中電灯がサスペンダーに装着されている。イラストのレンジャーも「ジャスト・コーズ作戦」に参加した隊員と同様に低視認性の所属大隊スクロールを縫い付けている。

❸「ゴシック・サーペント作戦」(ソマリア、1993年)

新たに支給された3色の砂漠迷彩戦闘服(DCU)の上に、森林地帯用迷彩の新型レンジャー・ボディー・アーマー(RBA)を着用している。ヘルメット・カバーは旧型の「チョコレート・チップ」模様。ブーツはアルトバーグ社製の砂漠地帯用だ。イラストのレンジャーのM16A2ライフルは、40mm M203グレネード・ランチャー(UBGL)が装着され、マガジンには着脱をすばやく行なうためテープとパラシュート・コード(吊索)で作ったプル・タブが付けられている。このレンジャーの工夫をもとにマグプル社が同じ機能を持つマガジンを開発し、レンジャーも使用するようになった。腰にはファストロープ降下時の摩擦熱から手を守るためのグローブが見える。右肩の星条旗パッチは左右が反対となっている(❸a参照)。これは青地に白い星のカントンが前に来なければならないためである。

た地点に2発の2000ポンド（907キロ）爆弾を投下した。だが、パナマ軍は戦意を失なうどころか、少なくとも1門のZU-23-2対空機関砲が接近するアメリカ軍輸送機に向けて発砲を始めた。その後この機関砲はAC-130ガンシップからの射撃で沈黙させられた。

　本隊は降着すると小隊ごとに集結し、B中隊が低高度を飛行するAH-6から対地火力支援を受けてパナマ軍兵舎を強襲し、A中隊は流血なしに下士官学校を占領した。

　C中隊の隊員は当初ネイビー・シールズが担当するはずだった近隣のノリエガ所有の別荘を襲撃。AT-4対戦車無反動砲で別荘の玄関を破壊してノリエガの警備隊員を捕虜にした。

　リオ・アト飛行場の敵兵力はアメリカが想定したよりも大きく、パナマ軍の飛行場守備隊が滑走路に車を置いて使用できなくするだけの時間があったため、R支隊が必要とする車両の空輸は当初の計画よりも遅れることになった。

　車両の到着が遅くなったものの、R支隊の攻撃によって、パナマ軍飛行場守備隊は予想外の損害をこうむった（パナマ軍の戦死者34人、負傷者多数）。これに対しレンジャーの戦死者（KIA）は4人（うち2人は味方の弾に倒れた）、負傷者は27人にとどまった。この数字は友軍の攻撃ヘリコプターの誤射などで死傷した者を含んでいる。また、パラシュート降下時に負傷した兵士がほかに30人いた。

　パナマ軍の装甲車数両はAC-130ガンシップの射撃で破壊された。敵部隊の増援の阻止を任務とした部隊は、隣接するパン・アメリカン・ハイウェイで私服姿のパナマ準軍事組織構成員と交戦した。

タンゴ（T）支隊のトクメン／トリホス国際空港急襲

トクメン／トリホス国際空港の占領のため、T支隊は午前1時10分にパラシュート降下したが、パナマ軍による抵抗はR支隊のリオ・アト飛行場急襲のときよりも小さかった。

第1大隊A中隊がトクメンを担当し、A中隊の分隊が駐機していた数多くの航空機を破壊した。C中隊は飛行場の守備隊として駐屯していたパナマ軍歩兵中隊を制圧することを任務としていたが、パナマ軍将兵の多くは抵抗することなく降伏した。

B中隊はレンジャー特殊作戦車両（RSOV）とオフロード・オートバイに乗車して空港の外周の警戒についた。

着地戦闘に先立ってAC-130ガンシップ、AH-64A戦闘ヘリコプター、そしてAH-6攻撃ヘリコプターから対地航空攻撃が行なわれていたため、パナマ軍の抵抗は少なかった。

それでも空港の中央ターミナルで銃撃戦が数回起こったが、空港は制圧された。T支隊からも戦死者（KIA）1人（第1大隊の衛生兵）、負傷者5人が発生した。パラシュート降下時の着地による負傷者は20人以下だった。

12月22日になると、第3大隊が3つ目の航空施設目標のダヴィド飛行場を急襲した。このときはパラシュートではなくMH-47チヌーク特殊作戦用ヘリコプターで降着し、銃火を交えることなく飛行場を占領した。負傷者はいなかった。

歴史研究者のグレッグ・ウオーカーによると、連隊には当初もう1つの任務があったという。パナマ市のペイティーラ飛行場に駐機していたノリエガの専用機を鹵獲もしくは使用不能な状態にすることである。

ライバル関係にあった陸海空3軍のかけ引きのなかで、この

レンジャー特殊作戦車両(RSOV)を使用する第1大隊B中隊は、パナマで「タスク・フォース・レッド・タンゴ」(T支隊)の一部として活躍した。写真は2001年、同中隊のRSOVが国防大学校で展示された際に撮影。ロールバーに12.7mm×99弾薬口径のM2重機関銃が搭載されている(126ページ参照)。

RSOVは物品収納コンパートメントがないため、機関銃弾薬箱と燃料缶は露出した状態で積載された。前輪の脇に84mm無反動砲カール・グスタフM3レンジャー対戦車武器システム(RAWS)が展示されている。(US Army)

第2大隊の隊員による84mm無反動砲カール・グスタフの実射訓練。2014年1月26日キャンプ・ロバーツで撮影。レンジャーは年度ごとの戦術訓練で多くの火器の射撃訓練を行なう。(US Army)

任務は「タスク・フォース・ホワイト」のシールズに任された。しかしシールズは主滑走路上で敵の反撃を受け、隊員4人を失い、8人が負傷し、その場に釘付けにされてしまった。

シールズの救援と交代を目的にR支隊第2大隊のA中隊が送り込まれた。

ノリエガ拘束

各中隊はその後も戦闘を続け、第2、第3大隊は1990年1月9〜10日までパナマに残留した。レンジャーには独裁者の身柄

を押さえるために、ノリエガ邸を襲撃する任務が与えられた。

　レンジャーたちはもう少しのところでノリエガを捕らえられる可能性があった。レンジャーがパラシュート降下して戦闘が始まった最初の夜、ノリエガはトクメンの売春婦のもとを訪れていた。空軍の特殊戦術部隊の元将校、ジョン・T・カーニー・ジュニア大佐はこう語る。

「周辺の道路交通の遮断にあたっていたレンジャーたちは空港から逃げ出そうとする２台の車に遭遇しました。レンジャーたちは最初の車を停車させることには成功しましたが、２台目の車は取り逃がしてしまったのです。のちにレンジャーの連隊長はマヌエル・ノリエガが２台目の車に乗車していたことを知らされたのです」

　第３大隊Ｃ中隊はラ・コマンダンシアと呼ばれたパナマ国防軍の中央司令部内と周辺において掃討作戦を実施した。さらに同中隊は目標周辺の安全を確保するため、分隊規模でヘリコプターからファストロープ降下を行なうなどして展開し、幾度となく協同して作戦中のデルタ・フォースを支援した。

　通常レンジャーはターゲットの四隅の要点に進出し、そこで交通を遮断して敵の増援を阻止し、地域住民や野次馬を安全な区域に押しとどめ、また「噴出者」と呼ばれる敵兵士の逃亡を警戒した（この作戦行動のテンプレート／方式はのちにデルタ・フォースとともに何度も繰り返されることになり、とくに３年後のソマリアで多用された）。

　パナマにおけるデルタ・フォースとの最初の協同作戦はペノノメ刑務所で実施された。第３大隊Ａ中隊は刑務所の周辺に警戒線を設け、デルタ・フォースが収監者の救出にあたることに

なった。

　この大がかりな作戦では第160特殊作戦航空連隊（SOAR）のヘリコプターがミニガン（ヘリコプターのドアサイドに搭載した高速連射できる６銃身の機関銃）で監視塔を沈黙させ、レンジャーがMH-60ブラック・ホーク特殊作戦用ヘリコプターからファストロープ降下して、デルタ・フォースの刑務所内への突入と離脱を援護する予定だった。

　ところがヘリコプターが刑務所に近づくと、施設はすでに放棄された様子だった。ロープ降下ではなく、着陸したMH-60から降り立ったデルタ・フォースの隊員たちが確認したのは空っぽになった刑務所だった。

　レンジャーとデルタ・フォースが協同して行なったコイバ島の刑務所から政治犯を解放する別の作戦でも、刑務所は放棄されて誰もいなかった。

　ノリエガは1990年１月４日に在パナマ・ローマ教皇庁大使館に保護を求めたが失敗。自ら米軍に投降し、身柄をアメリカ麻薬取締局に移された。レンジャーは与えられた任務のすべてを成功させ、千人以上もの捕虜を拘束したが、自らの戦死者はわずかに５人で、負傷者は42人だった。

第160特殊作戦航空連隊のMH-47からファストロープで降下・離脱(FRIES)を訓練する第2大隊B中隊の隊員。2013年3月27日にルイス・マコード統合基地で行なわれたタスク・フォース訓練の様子である。(US Army)

第3章
砂漠の嵐作戦
(第1次湾岸戦争)
1991年1月17日～2月28日

第2大隊のレンジャー隊員が掃討を終えた建物から出て来る。2014年1月23日にフォート・ハンター・リゲットで行なわれた演習の様子。厳しい訓練によるためであろうか先頭の兵士は鼻から出血している。(US Army)

対イラク作戦のレンジャー連隊

「砂漠の嵐作戦」に参加するためにレンジャー連隊が派兵された事実は、多くの読者にとって初めて耳にすることかもしれない。作戦の総指揮官だったノーマン・シュワルツコフ大将が特殊作戦部隊（SOF）を毛嫌いしていたとの報道は数多くあり、それが理由となってか、レンジャーにはなかなか広範囲な戦争遂行の過程で適した任務を与えられなかった。

第75レンジャー連隊第1大隊は、このような状況下でも数度イラク方面に派兵され、サウジアラビアを防衛するイラク進攻の前段階の「砂漠の盾作戦」でイラク軍との交戦に備えた。

サダム・フセインの手によって「人間の盾」にされていた民間人を救出する多国籍軍の作戦計画が立案され、レンジャーはアメリカのデルタ・フォースとイギリスの特殊空挺部隊（SAS）を支援することになった。しかし、成功がおぼつかないと判断され、この作戦は幸いにして中止となった。

統合特殊作戦コマンド（JSOC）から派遣された司令部要員やデルタ・フォース分遣隊と第1レンジャー大隊B中隊によって構成された統合特殊作戦タスク・フォース（JSOTF）は、第160特殊作戦航空連隊（SOAR）の支援を受けて、「エルーシヴ・コンセプト作戦」の実行兵力として湾岸戦線へ派兵された。

検討の結果、シュワルツコフ大将がレンジャーの兵員数を150人に制限し、レンジャーはイラク占領下の飛行場を奪取することが必要になったときのみ、作戦投入が許されることになった。

JSOTFとレンジャー大隊は、サウジアラビアのアラーにあった民間空港の跡地に駐留した。12年後の「イラクの自由作戦」で、レンジャーは再びこの基地を使用することになる。

ワシントン州ヤキマで、夜明け前に第160特殊作戦航空連隊(SOAR)所属のMH-47チヌークからファストロープ降下訓練中の第2大隊C中隊のレンジャー隊員。後方にMV-22オスプレイが駐機している。1991年2月にイラク入りした最初のレンジャー分隊は「レンジャー・ラン1」作戦でAH-6攻撃ヘリコプターの前線給油点(FARP)に燃料タンクを搭載して飛来したMH-47ヘリコプターの防護を担当した。(US Army)

イラク軍の通信施設を破壊

　デルタ・フォースもなかなか出動の機会がなかったが、イギリス陸軍のSASとともにイラク西部の砂漠地帯に点在していたスカッド・ミサイル・ランチャーを殲滅し無力化する任務を行なうことになった。

　レンジャー大隊はデルタ・フォースを支援する即応部隊(QRF)の任務を果たしたのち、本来の任務に戻ることができた。任務はレンジャー部隊伝統の急襲作戦だった。

　この急襲作戦「レンジャー・ラン1」は、第1レンジャー大隊のB中隊とA中隊の一部隊員によって1991年2月26日に実施された。

　作戦の目的はヨルダン国境に近くのマイクロ波通信中継塔と

付属施設の破壊だった。

　すでにイギリスのSASと特殊舟艇部隊（SBS）は、スカッド・ミサイルの運用を支援する通信・補給施設の攻撃で成果を上げていた。レンジャーに与えられた目標を撃破できれば、イラクの弾道ミサイルの指揮統制システムにとって大きな打撃となる。結果的に西側とアラブ諸国の団結を弱体化しようと試みるイラクの対イスラエル・ミサイル攻撃を防ぐことにつながる可能性があった。

　レンジャーはM60機関銃、M249分隊支援機関銃（SAW）、84mm無反動砲カール・グスタフM３レンジャー対戦車武器システム（RAWS）を扱う15人の火力支援部隊、警備・封鎖隊、指揮チームに分かれ、第160特殊作戦航空連隊（SOAR）のMH-60Lブラック・ホーク特殊作戦用ヘリコプター２機に搭乗して出発した。

　攻撃部隊主力の歩兵小隊は42人で構成され、空軍のMH-53Jペイヴロー輸送ヘリコプターに搭乗し、４機のAH-6Gキラー・エッグ攻撃ヘリコプターが近接航空支援を行なった。

　AH-6G攻撃ヘリコプターは航続距離が限られており、前線給油点（FARP）の設営が必要だった。前線給油ために追加燃料タンクを搭載したMH-47チヌーク特殊作戦用ヘリコプターが先行し、FARPに航空燃料を用意することになった。このMH-47ヘリコプターの防護するため、１個分隊のレンジャーが初めてイラク領内に入った。

　イラク軍の通信施設は防衛のために複数のS-60対空機関砲が周辺に配置されていた。レンジャーを乗せたヘリコプターが着陸する直前に、これら機関砲は空軍のF-15Eストライク・イー

グル戦闘機の攻撃で破壊された。

　降着戦闘に先立ち、AH-6Gキラー・エッグ攻撃ヘリコプターはミニガンを使用して2分間の銃撃を行ない、目標周囲の敵兵力を制圧した。同時に、通信施設中央の建造物に向けて2発の70mmロケット弾も発射された。

　歴史研究者のダニエル・ボルガー元陸軍中将によると、MH-60Lは通信施設から約100ヤード（91メートル）のところに着陸し、展開したレンジャーは警戒線と監視ポストの配置についた。先遣隊がゲートを封鎖するチェーンを84mm無反動砲弾で破壊すると、着陸した主力襲撃隊が施設内に突入して掃討を開始した。施設内に入ったレンジャーは、陸軍特殊部隊の爆破・破壊特技兵2人の指示で、施設建造物に50個以上もの爆破装置を取り付けた。

　レンジャーは、爆破タイマーをセットし、ヘリコプターへ戻り戦場を離脱した。襲撃部隊はわずか20分間地上にいただけだった。この作戦でレンジャーの人的損失はなかった。計画どおりに爆破は成功したものの、皮肉なことにマイクロ波通信中継塔が倒壊したのは停戦宣言が出た数日後のことだった。（原注1）

　レンジャーによる一連の戦闘が終了し、第1レンジャー大隊は連隊の本部中隊とともに最後の作戦を実施した。これが「アイリス・ゴールド作戦」で、1991年12月に解放されたクウェートへイラクが再度侵略する企図を封じるため、レンジャーはパラシュートでクウェート領内に降下し示威行動を行なった。

　　原注1：統合特殊作戦タスク・フォース（JSOTF）の中には、この通信施設がすでに放棄され機能していないものであり、所在地もイラク国内であったかどうか疑わしいという見方があった。公平を期すために補足する。

第4章
ゴシック・サーペント作戦
(ブラックホーク・ダウン)
1993年8月22日〜10月13日

第2大隊B中隊のレンジャー隊員がM240B機関銃の照準を合わせる。2014年1月30日にカルフォルニア州キャンプ・ロバーツで行なわれた中隊演習で撮影。(米国防省)

ソマリアのタスク・フォース・レンジャー

　第75レンジャー連隊は、ソマリアでの激戦「ブラック・シーの戦い」で有名になった。第75レンジャー連隊は、1993年10月に第3大隊B中隊をソマリアに派兵し作戦に従事させた。

　この作戦での戦闘はノンフィクション小説『強襲部隊／米最強スペシャルフォースの戦闘記録（邦題）』や映画『ブラックホーク・ダウン』によって多くの人々の記憶に残った。

　アメリカは国連の対ソマリア人道支援活動における主要参加国となり、第2次国際連合ソマリア活動（UNOSOM Ⅱ）に参加し、内戦で荒廃した国土で大飢饉に苦しむソマリア国民を救済しようとした。

　無政府状態のソマリアで、人道支援を複雑にしたのが国連平和維持部隊の将兵をも攻撃の対象とし、支援物資を奪い取る民兵組織と犯罪者集団の存在だった。

　内戦を続ける民兵組織で大きな勢力を誇っていたのがハバー・ギディル部族出身のモハメド・ファラー・ハッサン・アイディード率いるソマリ国民同盟（SNA）だった。

　好戦的なSNAの民兵が、国連平和維持部隊として行動していた24人のパキスタン軍兵士を待ち伏せ攻撃し殺害した。国連はこの暴挙に対し、強力な手段で治安回復に乗り出すことを余儀なくされた。

　ソマリアの「リストア・ホープ（よみがえる希望）作戦」にアメリカ軍はUNOSOM Ⅱの中で最大兵力を展開していた。

　アメリカ軍は、統合特殊作戦タスク・フォースをタスク・フォース・レンジャー（レンジャー支隊）として派兵し、統合特殊作戦コマンドが指揮をとった。

1993年にソマリアのモガディシュで撮影された「ブラック・シーの戦い」直前の第3大隊B中隊の隊員たち。背景の左右にはローターを折りたたんだMH-6リトル・バードが見える。(75th Ranger Regiment)

　このレンジャー支隊は、2年前にサウジアラビアで展開された「エルーシヴ・コンセプト作戦」と同じ方式で編成された。第3レンジャー大隊B中隊の中隊本部と2個小隊で編成されたレンジャー部隊、デルタ・フォースのC分遣隊、タスク・フォース・オレンジの監視要員、そして第160特殊作戦航空連隊（SOAR）の航空部隊によって構成されていた。アメリカ海軍シール・チーム6からスナイパー数人も支隊に加わっていた。

　一方、以前に国連部隊を支援するために作戦に4機が参加したことのあるAC-130ガンシップや装甲車両は与えられなかった。軍のこの判断は、のちに議論を招くことになった。

　レンジャー支隊が装甲車両を必要とする場合、パキスタン軍

ソマリア（1993年）とアフガニスタン（2001〜2002年）での軍装

❶「ゴシック・サーペント作戦」（モガディシュ、1993年）
イラストは「スーパー・シックス・ワン」墜落地点に降下した戦闘捜索救難（CSAR）部隊のレンジャー隊員。レンジャー・ボディー・アーマー（RBA）が不足していたために、この隊員は3色の砂漠用戦闘服の上にデルタ・フォース分遣隊から貸与された黒のPTボディー・アーマーを着用している。M16A2カービンに同じくデルタ・フォースから借用した消音器を装着し、エイムポイント社製の初期型の光学照準器が取り付けられることもあった。難燃性ノーメックス繊維素材のグローブと森林地帯用迷彩のニー・パッドを着用し、砂漠用戦闘服（DBDU）のチョコレート・チップ模様のカバーをヘルメットにかぶせている。このイラストのレンジャー3人はいずれもアルトバーグ社の砂漠用ブーツを履いている。

❶a
配属部隊を問わず、レンジャー学校の修了章のレンジャー・タブは左袖の最上部に付ける。連隊本部と大隊に属さない隊員は「第75レンジャー連隊」のスクロールを着用するが、レンジャー学校の修了を意味するものでない。レンジャー大隊所属の隊員はそれぞれ「1st」「2nd」「3rd」のスクロールとその上にレンジャー・タブを袖に付ける。イラストのタブ・スクロールは色付きだが、OD色に黒い文字の低視認性のものが戦闘服に用いられる。

❷「不朽の自由作戦」（アフガニスタン、2001年）
大隊スナイパー小隊に所属する12.7mm×99口径のM107アンチマテリアル・ロングレンジ・ライフル（バレットM82A1）の射手。ライフルにルポルド社製スコープが装備されている。当時、新たに採用支給されたTC-2000モジュラー統合通信ヘルメット（MICH）を着用している。このヘルメットは従来型の地上兵個人防護システム（PASGT）のヘルメットより軽量で、通信ヘッドセットの装着が可能。ヘルメット正面に暗視装置を取り付けるブラケットが設けられている。レンジャー襲撃携行装備（RACK）と呼ばれるレンジャー・グリーンの統合胸部リグを着け、森林地帯用迷彩のマガジン・パウチを着用している。個人武装は標準装備品の9mm×19弾薬口径のM9拳銃で、ビアンキM12ホルスターに入れて携行している。36ページ❸の隊員と同様に左右が逆になった低視認性の淡褐色の星条旗を右肩に付けている。

❸「不朽の自由作戦」（アフガニスタン、2002年）
7.62mm×51弾薬口径のナイツ社製のSR-25スナイパー・ライフルで武装している分隊準狙撃手のマークスマン。アフガニスタンでは長距離（58ページへ続く）

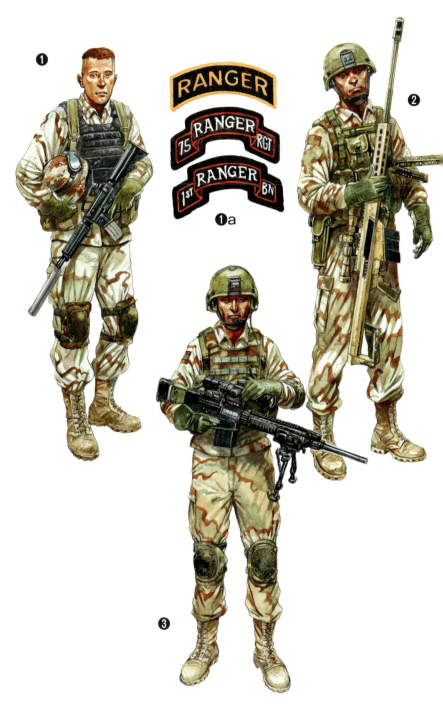

やマレーシア軍に支援を要請することになっていた。(原注2)

　戦闘後の報告書で、B中隊第2小隊長だったトーマス・ディ・トマソ少尉は支隊におけるレンジャーの役割を次のように述べている。

「レンジャーは攻撃部隊と同時か、あるいは攻撃部隊がターゲットに突入する直前に戦場に入り、攻撃部隊のターゲットから民衆を排除したり隔離することになっていました。ターゲットとなるのは危険人物がいる建物や車両などです。具体的にレンジャーは、群衆がターゲットに接近することで攻撃部隊の行動に支障をきたすことを未然に防ぎ、ターゲット人物が作戦区域から逃走するのを阻止し、民兵や武装した市民がターゲット区域内に敵の増援勢力として侵入してくることを防止することでした」

　第1小隊と第2小隊のレンジャー隊員は15人ずつヘリコプターに搭乗してヘリコプター・チョーク（第2次世界大戦時に落下傘兵が搭乗するように指定されていた航空機にチョークによって番号が書かれていたことに由来する）を組んで進出する。

　それぞれのチョークがターゲットの周辺地点の交通を遮断する。第3小隊は地上から車両でチョークに接近し、戦闘現場か

射撃の機会が多く、SR-25とこの派生型のMk11スナイパー・ライフルが好評だった。これらのライフルは連隊で長期間使用された。SR-25のハンドガード（前床）前方にAN/PEQ-2レーザー照射器が取り付けられており、銃床に狙撃時の諸元を記した距離カードがテープ留めされている。この時点で迷彩色カバーは広く支給されておらず、淡褐色かOD色のMICH TC-2001ヘルメットがそのまま使用された。RACKはRBAの上に装着されている。このRBAをもとに新型特殊作戦要員必須装備（SPEAR）ベストが開発された。

らの離脱支援を担当することになっていた。

　特殊作戦部隊は暗視装置など装備の優位性と日頃の訓練の成果を最大限に発揮できる夜間行動を当然のことながら好む。さらに夜間行動は対空火器や携帯対戦車ロケット弾（RPG）で狙われる危険性も軽減できる。だが、この作戦でのレンジャー支隊の行動は混乱したものになってしまった。

>原注2：国防長官には派兵兵力の選択肢として3案（秘匿名称：キャデラック、オールズモビル、フォルクスワーゲン）が提示されたという。このうち、キャデラック案のみAC-130スペクター攻撃機の派遣が含まれていた。パナマやその後にイラクで見られたような短期間の装甲車両の使用はどの案にも含まれていなかった。

民兵組織への急襲・拘束作戦

　1993年8月30日、国連が以前に使用していた建物がアイディードの支持者の拠点になっているとの情報がもたらされた。デルタ・フォースが夜間にヘリボーンによる襲撃を実施したものの、容疑者として捕らえたのはここに留まっていた国連職員で、ソマリ国民同盟（SNA）の民兵はいなかった。国際メディアはこのニュースを大々的に報道し、レンジャー支隊がソマリアで行動していることが世界に知れ渡った。

　2回目の作戦も1回目と同じく夜間のヘリボーンによる襲撃で、9月7日に行なわれた。捕虜を移送するために差し向けられたコンボイ（輸送車列）が小火器と対戦車ロケット弾（RPG）で射撃されたものの、デルタ・フォースは戦うことなしに、多くの容疑者を拘束した。

　3回目の作戦では非装甲の高機動多用途装輪軽車両（ハンヴ

1993年の「ゴシック・サーペント作戦」当時の第3大隊B中隊の公式写真。デルタ・フォースから借用した黒のPTボディー・アーマーを着用している後方のレンジャーの中には、10月3日にMH-60Lブラック・ホーク「スーパー・シックス・エイト」から降下した戦闘捜索救難員（CSAR）も含まれる。CSAR隊員は夜通し何度も攻撃してくるソマリア民兵から最初に撃墜された「スーパー・シックス・ワン」の乗員を守り抜いた。(75th Ranger Regiment)

ィー）が使われた。アイディードと思われる人物を拘束したが、この人物は親国連派の警察署長だった。この作戦は急遽、日中に実行され、武器が使用されることはなかった。

　レンジャー支隊は得意とする夜間作戦を9月17日に実行し、治安の悪化したバカラ市場周辺の作戦区域に展開した。この区域にはアイディードが組織に指示を出す無線通信施設があった。

　支隊は現場に車両で到着し、デルタ・フォースのスナイパー

を乗せた２機のMH-60ブラック・ホーク特殊作戦用ヘリコプターが上空から警戒についた。

　支隊はアイディードの首席補佐であるオスマン・アリ・アトを捕らえるべく翌日の日中に行動に出た。アトが活動拠点にしていたガレージはMH-6リトル・バード特殊作戦用ヘリコプターやMH-60に搭乗したチームによって急襲され、何人かの容疑者が拘束されたものの、肝心のアトを捕捉できなかった。

　作戦に変化を持たせるため、今回は捕虜がヘリコプターで移送され、襲撃チームは小火器や対戦車RPGの攻撃にさらされながら、車両に乗車して陸路で現場をあとにした。

　支隊が９月21日に開始した６回目の攻撃でついに狙っていた男を確保した。作戦行動全体が不可能とは言い切れないものの、作戦計画の時間が制約されたことで、再び日中の行動となった。

　ヘリコプターから怪しい車列のエンジンを狙って射撃して停止させようと試みたが、レンジャーとデルタ・フォースの隊員が配置につく前に、目標人物が車から逃げ出した。この時点で作戦は強襲へと移行した。

　デルタ・フォースは周辺の建物を掃討してアトを拘束し、彼

を国連部隊の基地に移送するべくヘリコプターに搭乗させた。

　この作戦からレンジャーとデルタ・フォースは、迅速で勇猛果敢な奇襲作戦を展開すれば、日中であってもソマリア人民兵が組織的な反撃を始める前に、作戦地域から安全に離脱できると信じるようになった。

　アイディードは窮地に追い込まれ、「あいつら（タスク・フォース・レンジャー）は恐ろしく、危険な相手だ」と語ったとされる。

「ブラック・シーの戦い」

　タスク・フォース・レンジャーの最後となった7回目の作戦

は、1993年10月3日（日曜日）の午後に開始された。この作戦は「防御拠点強襲テンプレート」名づけられた既存の作戦方式に沿って行なわれた。

前述のとおり、支隊はすでにもう1つの作戦テンプレート「コンボイ襲撃」を実施していた。この襲撃では目標である車両をAH-6攻撃ヘリコプターで停車させ、隊員が地上へファストロープ降下して一斉に目標へ向かうことになっていた。

この作戦方式はすでに何度か繰り返して実行されていたため、アイディードの組織に情報が漏洩し対抗処置をとられるおそれがあった。そこでタスク・フォースは作戦方式に変化を持たせ、意図的に攻撃部隊をヘリコプターによって離脱させたり、地上のコンボイと合流させたりした。また地上での戦闘中、敵の目を上空にそらすため、ヘリコプターを牽制飛行させたりもした。

10月3日、この日少なくとも2人の重要人物が首都モガディシュのオリンピック・ホテルから1ブロック離れた場所にある3階建てのビルで開かれる部族の会合に出席するという情報がもたらされた。

このビルはバカラ市場から1.25マイル（2キロ）離れたところにあり、そこは駐ソマリア・アメリカ軍司令官の言葉を借りるなら敵地同然だった。午後3時42分に4機のMH-6に乗ったデルタ・フォースがターゲットのビル周辺に降着して作戦が開始された。

デルタ隊員がビルを掃討して容疑者を拘束しているあいだに、レンジャーのチョーク数隊は4機のMH-60Lからファストロープで降下し、ヘリコプターのローターが作り出す下方に吹

画質は劣るが、10月3日に行なわれた「ブラック・シーの戦い」の作戦中に唯一撮影されたと考えられている写真。目標建造物を警戒するレンジャーと右側に写るデルタ隊員をかろうじて判別できる。（US Army）

きつける強力な気流、ダウン・ウォッシュが砂塵を舞い上がらせるなかでターゲット・ビル周辺の作戦区域封鎖の配置についた。

　後続の2機のMH-60Lが追加の襲撃隊を目標地点へ到達させ、ヘリコプターが待機空域へ向かうまでの間、機内に残ったデルタのスナイパーが地上部隊を監視していた。

　7機目のMH-60Lはタスク・フォース・レンジャーの指揮班を乗せて作戦区域の上空を飛行し、8機目のMH-60Lがレンジャー、デルタ衛生兵、空軍特殊戦術隊員で編成された戦闘捜索救難（CSAR）チームを乗せて旋回した。このCSARチームが本作戦で重要な兵力となる。別に4機のAH-6が上空から対地支援を実施した。

計画が順調なら、計12台の非装甲のハンヴィーとM939/5トントラックに乗車した地上攻撃部隊が目標に到着し、捕虜と強襲攻撃部隊員を収容させて基地に帰投する予定だった。この作戦所要時間は30分から40分と見積もられていた。

　多くの人々が書籍や映画で知っているとおり、デルタ隊員はターゲットを占拠し、容疑者の確保に成功した。レンジャー第3小隊は輸送車両に乗車して、無事に目標地点に到着し、モガディシュ空港にある基地へ全員を連れ帰るために待機していた。

　このとき、ヘリコプターからファストロープ降下中のレンジャー1人が約40フィート（12メートル）の高度から墜落してしまった。墜落し負傷した隊員は「緊急担架搬送負傷兵」に指定された。「緊急担架搬送負傷兵」とは優先的に後送しなければならないほどの重傷を負った者を意味する。

　すでにレンジャー・チョークの全隊は小火器による銃撃を受けており、ヘリコプター周辺にも対戦車ロケット弾（RPG）の煙が立ちこめていた。さらに作戦区域北側から数多くの武装した暴徒と民兵が接近していた。

　デルタ・フォースのスナイパー・チームを乗せたMH-60L「スーパー・シックス・ワン」は、北側からの武装した暴徒と民兵をダウン・ウオッシュの強烈な風圧を利用して押し返すべく北へ向かったところで、対戦車RPGが命中した。搭乗員から「サンダーストラック（雷に打たれるの意）」の愛称がつけられていた「スーパー・シックス・ワン」は撃墜された。

　レンジャー・チョークの1隊が墜落地点へ急行し、CSARを乗せた「スーパー・シックス・エイト」もホバリングしなが

ら、降下救難員をファストロープ降下させ、墜落したブラック・ホーク乗員の安全を確保しようとした。

勇敢にもMH-6は道路へ着陸し、重傷を負った2人のデルタ・フォースのスナイパーを救出した。このとき、CSARを降下させていた「スーパー・シックス・エイト」の後部に1発の対戦車RPGが命中した。パイロットは機体を水平に保ち、最後の隊員を地上に降下させると、大きな煙を残しながら基地へと帰投していった。

CSARチームは地上に降り立つと同時に、敵からの攻撃にさらされた。レンジャーとデルタ隊員は、CSARの降下救難員と衛生兵が負傷者の救護にあたれるよう、墜落した「スーパー・シックス・ワン」の周囲に防御線を確立しようとした。

「スーパー・シックス・ワン」の2人のパイロットはすでに死亡していたが、2人の先任下士官と2人のデルタ隊員はまだ息があった。

大隊長であるダニー・マックナイト中佐が率いる第3小隊は、確保した捕虜を乗せたまま、車両でブラック・ホークの墜落地点へ向かうよう命令を受けた(ハンヴィー3台はファストロープ時に負傷したレンジャーを乗せて、すでに現場をあとにしていた)。

マックナイト中佐の車列は道路に築かれていたバリケードで思いどおりに墜落地点に進むことができず、待ち伏せ攻撃にさらされ、銃弾で1人の兵士が死亡した。負傷したレンジャーを乗せて空港に向かった3台のコンボイからも戦死者が発生した。

命令がすみやかに伝わらないことも迅速な移動の妨げだっ

アメリカ陸軍空挺・特殊作戦博物館の「ゴシック・サーペント作戦」の展示物。「ブラック・シーの戦い」に参加したレンジャー隊員がこの情景ジオラマを再現した。この写真ではレンジャー・ボディー・アーマー（RBA）の背面を見ることのできる。2003年4月にイラクでの「ハディーサ・ダムの戦い」で、レンジャーの1人は背中に4発の銃弾を受けたが、RBAのおかげで重傷に至らなかった。襲撃時に小型の背嚢と腰に水筒を付けた。ファストロープ降下で使用されたロープが右側に見える。（US Army Airborne & Special Operations Museum）

た。指揮・通信中継のために上空を旋回するアメリカ海軍のP-3哨戒機は情報をレンジャー統合作戦センター経由で送るように命令されており、直接マックナイト中佐に伝達しなかった。

　マックナイト中佐に情報が届いたときは、もうすでに遅く、中佐が指揮する車列は敵を避けるため曲がるよう指示された交差点を過ぎていた。進んだ車列の3台がRPG対戦車ロケット弾の攻撃を受けて動けなくなり、弾薬の残りも少なくなった。指

揮下のレンジャーの多くが負傷し何人かは重傷を負っていた。大隊長は苦渋の決断を下し、部隊の基地がある空港へ引き返すことにした。

2機目のブラック・ホーク墜落

1機目のヘリコプターが撃墜されてから20分後に、2機目のMH-60L「スーパー・シックス・フォー」に対戦車RPGが命中し、1機目の墜落地点から0.5マイル（0.8キロ）離れたところに墜落した。

CSARの兵力はすでに「スーパー・シックス・ワン」に集中しており、墜落した「スーパー・シックス・フォー」の安全確保を行なえるのは、上空から暴徒の接近を阻止するために、射撃を繰り返すAH-6数機のみだった。

地上からの救出に時間がかかることが明らかになり、デルタ・フォースのスナイパー2人が墜落地点のそばに降下する許可を得た。この2人の兵士は銃撃を続けながら、「スーパー・シックス・フォー」の墜落地点へ到達し、ヘリコプターの残骸から4人の搭乗員を引き出すと、多数の民兵と扇動された暴徒に弾薬を撃ち尽くして撃ち殺されるまで勇敢に墜落地点を守った。

信じられないことに負傷したパイロットの1人は同じ運命をたどらず捕虜となって生き延びた。

レンジャーの隊員と第10山岳旅団から派出された即応チームがそれぞれ「スーパー・シックス・フォー」の墜落地点へ向かった。しかし、これら部隊の多くの兵士が負傷し、空港へと退却せざるを得なかった。

一方、「スーパー・シックス・ワン」を防御していた99人のレンジャーとデルタ隊員は、包囲する民兵を相手に一夜を戦い抜き、機体の残骸に挟まれて脱出できなかったパイロットを救出しようと試みていた。

　国連部隊と第10山岳師団の救助隊は装甲車に乗って、翌日午前2時前に最初の墜落地点に到着し、タスク・フォース・レンジャーと合流した。

　救援隊はその後、2機目の墜落地点へ到着したが、遺体を発見できなかった。テルミット焼夷弾を使用して墜落機を破壊するだけができることだった。

　タスク・フォース・レンジャーは午前6時過ぎにようやく市街地を脱出できた。車両に乗車スペースを確保できなかったため、レンジャーの何人かはのちに「モガディシュ・マイル」と呼ばれることになる駆け足での退却を余儀なくされた。

　30分ほどで完了すると予定された襲撃は14時間にわたる激戦となり、6人のレンジャー隊員と5人のデルタ隊員が戦死した。

　皮肉にもこの激戦を戦い抜いて帰還したデルタ隊員の1人は2日後に民兵組織が威嚇のため、いい加減に発射した迫撃砲弾を受けて戦死してしまった。第160特殊作戦航空連隊（SOAR）の飛行士も5人が戦死し、第10山岳師団の交代要員2人も命を失った。負傷者はレンジャーを中心に80人以上に上った。

　一方、負傷し捕われの身となった「スーパー・シックス・フォー」のパイロットは11日後に解放された。

モガディシュの戦いから1年後にエジプトで行なわれた アメリカ・エジプト合同演習「ブライト・スター94」 に参加したレンジャー隊員。砂漠迷彩戦闘服（DCU） とエルボー・パッド（肘当て）を着用している。地上 兵個人防護システム（PASGT）のヘルメット・カバー は「チョコレート・チップ」模様のままだ。ヘルメッ トの階級章はOD色の低視認性。（US Navy）

「ブラック・シーの戦い」がもたらした教訓

　ブラック・シーの戦いの教訓は、その後のレンジャーの装備と訓練に大きな影響を与えることになった。

　デルタ・フォースが6輪のパンデュール装甲兵員輸送車を調達した一方で、レンジャーは空輸可能な装甲車の導入を検討し、2005年に多数のM1126ストライカー装甲兵員輸送車の配備を受けた。

　当初これらの装甲車は一時的な配備とされたが、イラクの市街戦で兵員の機動力向上に大いに寄与することになる。

　レンジャーは、小火器もソマリアで使用した全長の長いM16A2ライフルに代えて、市街戦に適したコンパクトなM4カービンを携行するようになった。ソマリアの戦訓は新型の防弾チョッキ（ボディー・アーマー）や、防弾性能を向上させたバリスティック・ヘルメットなど装備品の改良を促進し、救急医療面でも進歩をもたらした。

　ブラック・シーの戦いは訓練面で戦闘員の身体持久力、戦闘救命スキル、近接戦闘射撃などの向上に新たな焦点をあてることになった。

　これらの改善策の多くは、1997年から1999年まで第75レンジャー連隊を指揮し、その後の派兵に大きな影響力をもつことになるスタンリー・マッククリスタル大佐の功績である。

　「ゴシック・サーペント作戦」がもたらした無惨な結果の教訓が、この連隊を「対テロ作戦」を戦う部隊に進化させた。1990年代最後のレンジャーの大規模派兵がソマリアだった。

1997年、訓練用複合レーザー交戦システム（MILES）を着用して行なわれた演習の様子。第75レンジャー連隊の武器と装備が変化しつつあるのがわかる。M4カービンに新型戦闘光学照準器（ACOG）が装着され、ニー・パッド（膝当て）、個人無線機が見える。ヘルメットは地上兵個人防護システム（PASGT）のままで、多目的軽量個人携行装具（ALICE）を装着している。（US Army）

新たな任務の始まり

　ボスニアとコソボにおいて展開された「アンバー・スター作戦」には、長期にわたり潜伏して被疑者の行動パターンを観察し、戦争犯罪人を追うアメリカ陸軍とアメリカ海軍の特殊任務部隊に情報を提供すべくレンジャー偵察分遣隊（RRD）第2チ

ームの小規模な兵力が送られた。

　ボスニア、コソボへのRRDの派遣はレンジャーに与えられる新たな任務の始まりだった。連隊内で「リセ」と通称されていたこの分遣隊は、1994年ハイチ進攻でのレンジャーの空挺作戦でも、本隊に先立って現地に派遣され、急遽決定された本隊の降下中止に貢献した。

　デルタ・フォースとシールズ・チーム６と同様に、第75レンジャー連隊もソ連の崩壊にともなう新任務の訓練を受けた。幸い現実にならなかったものの、「ならずもの国家」の手に落ちた核ミサイル基地の占領などがこの新任務に含まれていた。

　1992年、核の拡散阻止任務の演習中に起きたヘリコプター墜落事故で第１、第３大隊の両大隊長と数人のレンジャー隊員が死亡している。

▶第75レンジャー連隊の衛生兵は輸血を戦場で行なう。レンジャーＯ型低力価輸血プログラムが米陸軍の2017年世界戦線シンポジウムで最優秀発明賞に選ばれた。(US Army)

第5章
不朽の自由作戦
（アフガニスタン）
2001年10月7日～

2012年、カンダハール州でアフガニスタン軍兵士とパートナーを組んで作戦行動中の統合特殊作戦「タスク・フォース・サウス」のレンジャー（右）。アメリカから供与されたM240B機関銃がアフガニスタン軍兵士の横にある。レンジャーは特殊作戦部隊用戦闘アサルト・ライフル（SCAR-H）派生型のサウンド・サプレッサーを装備したMk20スナイパー・サポート・ライフルを使用し、AOR1（軍事担当地域区分1）砂漠用迷彩のクライ・プリシジョン社製アサルト・ギア（CAGE）と思われるボディー・アーマーを着用している。彼は連隊偵察中隊の一員と考えられる。（USMC）

アフガニスタンでの特殊作戦

 アメリカが2001年9月11日に同時多発テロ攻撃されたことから、レンジャーは世界規模の「対テロ戦争」に10年以上にわたって参戦することになった。

 最初の対テロ戦争への参戦はアメリカに衝撃を与えたアルカイダの根拠地になっていたアフガニスタンだった。レンジャーは統合特殊作戦コマンド（JSOC）指揮下のタスク・フォース・ソード（剣）部隊として派兵された。

 第75レンジャー連隊は密かに現地入りしていた中央情報局（CIA）と陸軍特殊作戦部隊に続いてアフガニスタンに派兵され、アフガニスタン南部カンダハール州の砂漠の中にあった廃飛行場「ライノー」の占領を実施した。この作戦は今日なお論争となっている。

 パナマ以来の夜間の空挺作戦が2001年10月19日に行なわれ、第3大隊の大隊本部とA、C中隊、連隊本部隊の要員がパラシュート降下した。パナマの作戦時よりも高い800フィート（244メートル）の高度で降下した。高度があったので、着地の際の負傷者は2人だけだった。

 この廃飛行場はアラブ首長国連邦の王子が狩猟するときに宿泊するロッジと考えられる建物に付属したプライベートの飛行場で、レンジャーの作戦に先立ちB-2Aスピリット爆撃機とAC-130ガンシップが攻撃を行なった。

 特殊作戦コマンド（SOCOM）の戦史によると、この事前の攻撃で敵側に11人の戦死者が発生している。レンジャーは敵から1発の銃撃を受けただけで、この交戦による敵の戦死者も1人だけだった。

2001年後半、アフガニスタン東部で特殊作戦分遣隊アルファ（ODA）を支援するため、夜間行動準備中のレンジャー隊員。砂漠用の褐色のモジュラー統合通信ヘルメットMICH TC-2000型ヘルメットを着用、左上腕部には反射テープを付けている、特殊作戦コマンド（SOCOM）の「特殊作戦個人装備更新プログラム」で導入されたボディー・アーマーと携行装具のSPEAR/BALCSを着用している。左側の2人の狙撃手は、1人が初期型のMk11かSR-25スナイパー・ライフルを持ち、もう1人が大型のサーマル照準器を装着した12.7mm×99弾薬口径のM107アンチマテリアル・ロングレンジ・ライフル（バレットM82A1）を携行している。（JZW）

　アメリカがアフガニスタン全域で必要な作戦を常時展開できることを示す心理作戦（Psy-Ops）を展開するため、この作戦は記録され、映像の一部がマスコミに公開された。

　作戦にカメラマンが同行したことから、レンジャーは飛行場を制圧するための作戦上必要な基本的な警戒行動の一部をあきらめた。断念された警戒行動は、滑走路の確保に続く2機のAH-6による近接航空支援だった。

　ライノーの暗号名がつけられたこの飛行場に降下したレンジ

イラクとアフガニスタン (2003〜2007年) での軍装

❶「イラクの自由作戦」(ハディーサ・ダム攻略作戦時、2003年)

イラストの隊員は実用試験中だったペルター/ソルディン無線ヘッドセットの装着に適したモジュラー統合通信MICH TC-2001型カットアウェイ・ヘルメットを着用し、ペルター・コム・タックⅡを装備している。ヘルメットにはボレー社製ゴーグルを装着。ヘルメット後部にはMS2000赤外線ストロボ・ライトが装備されている。3色の砂漠迷彩戦闘服 (DCU) にノーメックスで作られたフライト・グローブ、森林地帯用迷彩のレンジャー・ボディー・アーマー (RBA) の上に同じ迷彩のレンジャー襲撃携行装備 (RACK) を装着している。OD色のバッグに入れたガス・マスクは左足だ。武装は1995年に採用されたM4A1カービンで、特殊戦用特別改良 (SOPMOD) ブロック1キットで改良され、ハンドガードにM68エイムポイント社光学照準器、AN/PEQ-2イルミネーター、フォアグリップが取り付けられている。

❷「不朽の自由作戦」(アフガニスタン、2005年)

イラストはレンジャー偵察分遣隊 (RRD) に所属するスナイパー。DCUと戦闘統合脱着可能アーマー・システム (CIRAS) のランド・プレート・キャリア (携行品収納装具) の上にギリー・スーツ (個人用偽装網) をかぶっている。マガジン・パウチを身体の側面に装着。武装は.300口径ウィンチェスター・マグナム弾を使用するMk13スナイパー・ライフルで、銃口部分にサウンド・サプレッサーを装着している。当時のレンジャーはこの口径を好んだ。レンジャー偵察分遣隊員の選抜方法はデルタ・フォースの影響を強く受けている。彼らはレンジャー学校、空挺学校、偵察・監視リーダー課程を修了し、選抜された偵察兵候補者に新たな29週の教育訓練が課せられた。レンジャー偵察分遣隊は連隊偵察中隊へ発展した。

❸「イラクの自由作戦」(2007年)

5.56mm×45弾薬口径のMk46分隊支援機関銃で武装する「タスク・フォース・ノース」所属の機関銃手。Mk46分隊支援機関銃にはM68光学照準器とフォアグリップ、ライトが装着され、弾薬が布製の袋に収納されている。灰色がかったグリーンの寒冷地用フード付きジャケットの5級戦闘防護服 (PCU) を着用。その下のシャツはデジタル・ピクセル模様の陸軍標準 (ACU) 戦闘服で評判が悪かった。戦闘服の左上腕部に「AB12A」など血液型を含む各種救急情報の入った「ザップ・パッチ」が縫い付けられている (ザップ・パッチの形状は103ページの1a図を参照)。(82ページに続く)

ャーは、のちのイラク作戦でよく使われたスズ、鉄、銅、コバルトと暗号名がつけられた飛行場内の4目標を占拠した。

一方、第3大隊B中隊所属の26人の隊員は、ホンダと暗号名がつけられたパキスタン国内の前線給油点（FARP）へ第2波として派遣された。

レンジャーを乗せてFARPに近づいたMH-60Kブラック・ホークのうち1機が自機のダウンウォッシュで発生した砂嵐、「ブラウン・アウト」に巻き込まれてコントロールを失い、2人のレンジャーが機上から転落して死亡した。

幻のオマル襲撃作戦

ライノーとホンダ・ターゲットへの両作戦に続き、より隠密性の高いもう1つの作戦が実行されることになった。

第75レンジャー連隊が「特殊作戦襲撃任務」と呼ぶこの作戦行動は、暗号名「ゲッコー」と名づけられたターゲットに対して実施されたが、この作戦は撮影されなかった。

すでに占領されていた「ライノー・ターゲット」にFARPが

レンジャー装具携行システム（RLCS）の下にレンジャー・グリーンのCIRASランド・プレート・キャリアを着用している。部隊近代化プログラムの改良で、RBAは数種類のランド・プレート・キャリアに変更された。着用しているオークリー社製アサルト・グローブ（戦闘手袋）の採用もこの近代化プログラムの一環だ。TC-2001型カットアウェイ・ヘルメットの前面に2006年採用のAN/PVS-14型単眼暗視装置が跳ね上げられた状態で取り付けられている。この隊員はメリル社製ソウトゥース・ハイキング・ブーツを履いている。イラストに描かれたほかの隊員はアルトバーグ社製砂漠用ブーツを着用。

設営され、ここで燃料と弾薬の補給が可能になると、20分以内に数機のAH-6がライノーから飛来し、「ゲッコー・ターゲット」の攻撃を支援した。

第3大隊B中隊が敵の反撃を阻止する配置につき、デルタ・フォースが「ゲッコー・ターゲット」のタリバンの指導者ムハンマド・オマルの邸宅を襲撃した。残念なことに、この作戦の結果はライノーと同様に収穫がなかった。「ゲッコー・ターゲット」も敵の動きがほとんどない「空振り」だった。

地上に降り立ってから5時間24分が経過すると、レンジャーと支援部隊である第160特殊作戦航空連隊（SOAR）、空軍特殊戦術部隊員は、警戒線から撤収し、MC-130コンバット・タロン

特殊作戦機に搭乗してアフガニスタンの夜空に消えた。

軍事評論家は、移動距離の長さと限られた支援機の数から、この「ライノー・ターゲット」と「ゲッコー・ターゲット」に対する作戦は、レンジャーを大きな危険にさらすだけのものだったとしている。

また、この作戦はホワイトハウスによって政治的目的から立案主導されたものだと、作戦に参加した将兵の多くがいまも考えている。

不可解なことに第3大隊は2001年11月、アメリカに帰還した。この部隊の移動は敵にアメリカ軍の特殊部隊（SOF）は撤退したと思わせる稚拙な計画の一環であった。第3大隊が抜けた穴はやがて第1大隊によって埋められた。

ビン・ラーディンを取り逃がす

第3大隊B中隊は、AH-6部隊が使用するFARP設営のため、暗号名「バストーニュ・ターゲット」と名づけられた砂漠の真ん中にある飛行場に2001年11月13日に戦闘降下した。わずか500フィート（152メートル）から降下したため、レンジャーの多くが岩場に着地した際に負傷してしまった。

B中隊の到着前の事前準備要員として、レンジャー偵察分遣隊（RRD）が高高度降下低高度開傘（HALO）によるパラシュート降下で送り込まれていた。

RRDのHALOや自由降下（フリー・フォール）はほかでも行なわれた。降下地点ラースでは乾湖に降下してデルタ・フォースのピンツガウアー・トラックの空中投下が可能かどうか調査した。

2001年後半、アフガニスタン東部で撮影された初期型陸上機動車（GMV）に乗車したレンジャー隊員。昼夜兼用サーマル照準器を取り付けた12.7mm×99弾薬口径のM2重機関銃で警戒行動をとっている。ほかの隊員は地元の長老とシュラ（協議）をしている。（JZW）

　数日後に類似した「リレントレス・ストライク作戦」が実施された。レンジャー用の陸上機動車（GMV）に分乗したレンジャーの増強小隊は、AH-6のFARPを増やすため砂漠の中の暗号名「アンツィオ・ターゲット」と名づけられた滑走路を占領した。
　レンジャーはGMVで偵察を行ない、暗号名「バルジ」と名づけられた別の乾湖の状態を調査し、ここも翌日には攻撃ヘリコプターの暫定作戦基地となった。
　アメリカ陸軍特殊作戦部隊が支援するアフガニスタン北部同盟がタリバンの撤退にともなって主要都市を奪還するようにな

2002年3月にタクルガル山で発生した「ロバート尾根での戦い」で撮影された貴重な写真。アンソニー・ミセリ隊員が側面から攻撃してくる敵を阻止している。彼は山頂で交戦当初に敵の銃弾で自らの武器を破壊されたため、エアロン・トッテン特技兵のM249分隊支援機関銃（SAW）を使用している。（US Army）

ると、タスク・フォース11と改称されたタスク・フォース・ソード所属のレンジャーにタリバンとアルカイダの重要ターゲット（HVT）の追撃支援が命じられた。

　レンジャーはバグラム空軍基地内の統合特殊作戦コマンド（JSOC）施設に駐留するシールズ・チーム6と交代で任務についた。

　2001年の後半になると、少数の限定的なレンジャー隊員が警備と部隊の安全確保のため、特殊作戦分遣隊アルファ（ODA）や統合特殊部隊と行動をともにするようになった。

　2001年12月は第75レンジャー連隊にとって困難続きの月だっ

た。アメリカ中央情報局（CIA）は、特殊部隊、デルタ隊員と協同でアルカイダの指導者ウサーマ・ビン・ラーディンを捕らえようと、ジャララバードの南、アフガニスタンの東部山岳地帯のトラボラで包囲網を狭める作戦を展開し、レンジャー大隊に何度となく支援が求められた。

ビン・ラーディンの逃亡路を遮断するため、パキスタンへと続く峠を封鎖することがレンジャーに期待された。アメリカ政府は、アメリカ軍の「足跡」を最小限にとどめようとする政治的理由からレンジャーの投入を許可せず、残念ながらレンジャーの作戦が行なわれることはなかった。

その結果、アメリカと協調しているふりをしたアフガニスタン民兵とアルカイダが共謀して、ビン・ラーディンをアフガニスタンから脱出させることになった。

タクルガル山の激戦

レンジャーはベトナム戦争以降、最大規模のヘリボーン作戦「アナコンダ作戦」の準備段階で無視されていたと言っても過言ではなかった。

2002年3月に予定されたこの作戦はアフガニスタン東部のパクティーアー州ガルデーズの南、シャハ・エ・コット渓谷下流に逃げ込んだタリバンと外国人傭兵を掃討することを目的としていた。

ヘリボーン作戦は第10山岳師団と第101空挺師団所属の歩兵部隊で編成されたタスク・フォース・ラッカサンが担当した。

アメリカと有志連合の特殊作戦部隊は周辺の山々に観測所を密かに設営し、近接航空支援を統制することになった。タス

ク・フォース11の一部もこの作戦に参加したが、レンジャーは第1大隊A中隊第1小隊を除き参加しなかった。

　レンジャー第1大隊A中隊第1小隊はバグラムで即応部隊（QRF）の交代要員の任務についた。

　アナコンダ作戦は計画どおり進まなかった。シールズ・チーム6偵察隊をタクルガル山の山頂に潜入させようとしたMH-47Eチヌーク特殊作戦用ヘリコプターのうち1機が激しい機関銃射

2003年の後半にアフガニスタン東部で撮影された砂漠迷彩戦闘服（DCU）を着用した第2大隊B中隊第1小隊のレンジャーたち。2003年11月から2004年1月にかけて、彼らとシールズで構成された小規模駐留部隊はヌーリスターン州とクナル州における「冬期集中攻撃作戦」に参加した。記録に残る激しい寒さのなか、レンジャーは広範囲にわたり山岳地帯をパトロールした。パトロールのいくつかは1カ月を超えて実施された。（75th Ranger Regiment）

撃を浴びた。

　パイロットは回避行動をとり、その際にシールズの1人がカーゴ・ドアから機外に転落した。転落したレッド・スコードロン所属のシールズ隊員は、雪に覆われた山頂で傭兵を相手に戦いを挑んだが、すぐに敵が彼を包囲してしまった。

　負傷による出血で意識を失ったシールズ隊員は敵によって捕らえられ殺害された。混乱のさなか転落隊員を救出するため、シールズの偵察チームが危険を顧みずに山頂へ向かい激しい銃撃戦となった。警戒態勢に入ったレンジャーのQRFは、ヘリコプターに搭乗しタクルガル山に向かった。

　混乱した戦闘状況下でMH-47E「レイザー01」に搭乗していたQRFの半数が、信じがたいことに守備に不向きな同一ランディングゾーンに降着してしまった。

　チヌークが強行着陸するとすぐに小火器や重機関銃、対戦車ロケット弾（RPG）の射撃を受け、レンジャー1人が死亡した。ランプドアを駆け下りて機外に出た2人も戦死した。レンジャーはただちに反撃を試みたが、敵の攻撃が激しく、最終

に放棄された敵の掩蔽壕を偶然に発見し、この中に退避せざるを得なかった。

MH-47E「レイザー02」はタクルガル山の周辺空域を危険にさらされながら旋回し、友軍が戦闘中の山頂から2千フィート（610メートル）下に着陸し、第2チョークのレンジャーを地上に降ろした。降着したレンジャーは友軍が戦闘中の峰に向かって登攀を始めた。

山頂で戦闘を続け釘付けにされたレンジャーは、敵と味方の対峙距離が短いときに要請される「デンジャー・クロス」近接航空支援を何度も要請した。

記録上この戦闘で初めてMQ-1プレデター無人航空機（UAV）が近接航空支援のプラットフォームとして使われた。

遠隔操作でMQ-1プレデターUAVからヘルファイア汎用ミサイルが発射された。1発目は目標から外れたが、2発目は命中して敵の掩体壕を破壊した。

第2チョークのレンジャーは、断続的に発射される迫撃砲の砲撃の中で登攀を続け、精根を使い果たしながら2時間後に山頂に達し、「レイザー01」から降機して戦闘中の部隊に加わった。

優れたネイト・セルフ「レンジャー」中尉の指揮で、合流した部隊は教範そのままに敵への反撃を開始した。敵を沈黙させるために、最後の「デンジャー・クロス」近接航空支援が行なわれ、2挺のM260B機関銃の援護射撃を受けながら、7人のレンジャーが山頂に突撃し、敵の掩蔽壕や攻撃地点を榴弾と自動火器で掃討した。

レンジャーと空軍兵士、第160特殊作戦航空連隊（SOAR）飛

2010年に撮影されたパクティーアー州内の目標に向けて前進する襲撃隊を見守る監視隊。マルチ・カム迷彩の岩場での効果がよくわかる写真だ。左のレンジャーはM240B機関銃を構え、右のレンジャーが84mm無反動砲カール・グスタフM3 RAWSを背負っている。連隊で「ガチョウ」と呼ばれたカール・グスタフM3は時間を設定して空中で爆発する時限信管付き榴弾、フレシェット弾（ダーツ弾）などさまざまな新型弾種が使え、タリバンが恐れた武器だった。（米国防省）

行士たちは、銃弾が飛び交う、深い積雪に覆われた山頂の守備を固め、負傷兵を敵が放棄したばかりの掩蔽壕に収容した。

　しかし味方の損害が続き、日没後に、ヘリコプターによる救出を待っていた空軍の降下救難員が瀕死の重傷を負ってしまった。戦死したシールズ隊員の名前から「ロバート・リッジの戦い」とも呼ばれるこのタクルガル山の戦いでは、7人のアメリカ軍兵士が命を落とした。内訳はシールズ隊員1人、レンジャー隊員3人、飛行士1人、空軍特殊戦術部隊隊員2人だ。

2010年3月に撮影されたレンジャーの監視点を照らし始めるファラーフ州の朝日。監視点のM240汎用機関銃には旧型のエルカンM145光学照準器が取り付けられている。(米国防省)

削減されたアフガニスタン駐留兵力

2003年以降、レンジャーはシールズ・チーム6、3機のMH-47E、2機のMQ-1プレデターUAVとともに、バグラム空軍基地に1個小隊が駐留した。

遠征軍と呼ばれたこの統合部隊がアフガニスタンに駐留する統合特殊作戦コマンド(JSOC)指揮下の唯一の部隊となった。重要目標を対象とした作戦は少なく、レンジャーは現地での情報網を確立するため、反乱勢力に対するパトロールを行なった。

しかし、レンジャーはアルカイダやこれに同調する武装勢力をターゲットとした作戦を時折、展開することもあった。

2003年2月にA中隊の増援を受けた第2大隊C中隊のレンジャーがシールズ隊員と協同で、パキスタンから侵入する外国人傭兵に対処すべく、ニームルーズ州で大きな作戦を実施した。

　2003年から2004年にかけての冬、レンジャーとシールズ・チーム6は交代でアフガニスタン戦線の指揮を受け持った。海軍またはレンジャーの司令部が統合特殊作戦タスク・フォース（JSOTF）全部隊の指揮にあたった。

元フットボール選手の非業の死

　2004年4月にホースト州で反乱勢力による待ち伏せ攻撃が発生し、第2大隊のパット・ティルマン伍長が死亡した。彼の戦死は物議をかもすことになった。

　ティルマン伍長はナショナル・フットボール・リーグの元スター選手であり、アメリカ同時多発テロ事件後、彼の陸軍入隊がメディアの注目を集めていた。ティルマンの戦死が友軍の同士討ちの結果だったことが遅れて発表され、その非業の死をめぐり報道が過熱した。

　1年後、アルカイダのみに限定されていたレンジャーの対象ターゲットがタリバンも含まれるようになり、第75レンジャー連隊は反乱勢力指導者や爆弾製造者などをアフガニスタン全域で追うことになった。

　2005年6月にレンジャーはネイビー・シールズの衛生兵マーカス・ラトレルを救出し、「レッド・ウィングス作戦」で戦死した3人のシールズ偵察隊員の遺体を収容した（ラトレルは手記『アフガン、たった1人の生還』を発表し、これが原作の映画『ローン・サバイバー』が制作された）。

増大する任務

2006年、国際治安支援部隊（ISAF）が情勢不安定なアフガニスタン南部での行動をアメリカ主導の有志連合諸国から引き継ごうとしていた。

この時期にアフガニスタン反乱勢力の動きが活発化した。レンジャーは暗号名「ナイランドⅡ作戦」をカンダハール市で開始し、MQ-1プレデターUAVを使用して、カンダハール市の攻撃を企てていたタリバンの動きを偵察した。

タリバンが渓谷に入るとレンジャーの1個小隊は出口を封鎖し、シールズ・チーム6が渓谷の反対側から敵を追い立てた。敵兵士120人を倒したこの作戦でレンジャーとシールズに戦死者は出なかった。

ターゲット・スレッシュホールド（敵識別基準）が下げられたため、レンジャーの出動回数は増加した。そのため、アフガニスタンに駐留するレンジャー部隊に1個小隊が増強された。

ヘルマンド州のサンギン渓谷で「ナイランドⅡ作戦」と同様の作戦が実施された際、第1大隊B中隊第1小隊はおよそ300人の敵勢力に取り囲まれてしまった。そのため「デンジャー・クロース」近接航空支援を数回要請する必要が生じた。

近接航空支援後、レンジャーが離脱し始めると、近接航空支援にあたっていたMH-47が撃墜されてしまい、近くのケシ畑に墜落した。そこで大隊のスナイパー・チーム、2個偵察チーム、対機甲チームがタリバンの接近を阻み、ほかのMH-47が上空を旋回して機関銃を射撃し防御線の形成を支援した。

AC-130も攻撃に参加し、2回の近接航空支援で搭載された全弾薬を使い切った。その後、地上のレンジャーが離脱し、墜落

2010年6月にカンダハール州で撮影されたタリバンとの交戦の準備をする「チーム・メリル」のレンジャー隊員。中隊の交代が行なわれたこの期間、レンジャーは繰り返し発生する激しい戦闘に忙殺された。アフガニスタンの建物を囲む塀はこのように大きく頑丈なものだった。塀の上にいる隊員は84mm無反動砲カール・グスタフM3で武装し、足元の隊員がMk46分隊支援機関銃を構えている。（US Army）

したMH-47は上空からAC-130に搭載された105mm M102榴弾砲によって破壊された。

初めての名誉勲章

　2006年に統合特殊作戦コマンド（JSOC）から直接指揮を受けるレンジャー偵察分遣隊（RRD）から派出された１個チームが、反乱勢力の１つ、ハッカニ・ネットワークの指導者をターゲットとする作戦をアフガニスタン東部で実施した。

不朽の自由作戦　95

オバマ大統領より名誉勲章を授与されるリロイ・ピートリー1等軍曹。(75th Ranger Regiment)

　この4人のレンジャー・チームは、統合戦術航空統制官（JTAC）、交代配置についていたオーストラリア軍コマンドゥと山岳地帯に入り、標高1万フィート（3048メートル）に観測所を設けて、敵の本拠地の地下壕を監視した。

　のちにこのチームが管制するB-1Bランサー爆撃機が大量の2000ポンド（907キロ）誘導爆弾のJDAM（統合直接攻撃弾）を目標に向けて投下した。敵兵士100人以上を倒したが、その中にハッカニは含まれていなかった。

　アフガニスタン紛争で現代のレンジャー隊員で初めてとなる名誉勲章が授与された。レンジャー第2大隊D中隊所属のリロイ・ピートリー1等軍曹だ。

ピートリーは2008年5月26日にパクティーアー州の戦闘で両足を負傷しながら戦い続けた。敵が投げた手榴弾を、部下を守るために投げ返そうとしたときに手榴弾が爆発して右手に重傷を負った。ピートリーは、戦闘が継続するなかで自身が携行していた止血帯で傷の手当てをし、安全に後送されるまで部下たちの射撃を指揮し続けた。その勇気に対する名誉勲章の授与であった。

アフガニスタンへの兵力増派

　アフガニスタン駐留軍指揮官マッククリスタル大将は、2009年までに統合特殊作戦タスク・フォース（JSOTF）のみがレンジャーを指揮できるよう指揮系統を改めた。

　アフガン・サージと呼ばれた増派は急ピッチで進められ、統合特殊作戦コマンド（JSOC）部隊が戦線に投入された。東部はシールズが担当し、北部はデルタ・フォースが受け持った。

　レンジャーの1個正規大隊はタスク・フォース・サウスとしてカンダハールに駐留し、ホースト駐留のタスク・フォース・セントラルに組み込まれたレンジャーもあった。

　レンジャーはM1126ストライカーや耐地雷・伏撃防護車両（MRAP）などの装甲車両で行動することもあったが、作戦区域が離れていたことや即席爆発物（IED）の危険が常にあったため行動の多くでヘリコプターを使用した。

　JSOCのブリーフィングで極めて率直な意見の交換が行なわれ、タスク・フォースの任務が明らかになった。タスク・フォース任務は「TBL（タリバンの指導者）、AQL（アルカイダの指導者）、HQNL（ハッカニの指導者）の影響力を除去し、これらのネットワークを分断する作戦をアフガニスタンで展開

し、有志連合とアフガニスタン軍の警備区域を拡大する」ことにあった。

これらの攻勢作戦は、時間を稼いで支配地域を拡大し、一般部隊方面指揮官にCOIN（対反乱勢力鎮圧）任務を成功させることを目標にしていた。

統合特殊作戦部隊は自らCOIN任務を行なわず、シュラ（合議のための協議）などは開催しない。統合特殊作戦部隊が力を注ぐのは戦争犯罪人の捜索とした。

レンジャーは携帯電話の通話分析を行ない、これによってタリバンのネットワークを解明しようとしたが、アフガニスタンの反乱勢力の情報の秘匿能力は驚くほど高かった。携帯電話の通話分析が実用の域に達するのはイラクでの作戦（次章参照）からだった。

アフガニスタンにおけるレンジャーの目標追跡の主要な手段は、偵察機やISR（情報・監視・偵察）長時間滞空ドローンから得られる空中画像が主だった。

JSOCが指揮する部隊が増強され、方面指揮権がレンジャーに移されると、連隊本部は最も活発に活動したイラクと同様な任務をレンジャー・チームに課した。

それによって今まで以上に収穫のない作戦行動も生じるだろうし、ターゲット・スレッシュホールド（敵識別基準）がさらに下げられることも予想された。

レンジャーは、アメリカの海兵隊と陸軍の一般地上部隊を支援するため地方反乱勢力を追撃し、同時にアフガニスタン統合ターゲット・リストに記載された反乱勢力の重要ターゲット（HVT）人物をも追うことになった。

「チーム・メリル」の作戦

2009年8月下旬、第1大隊A中隊と第3大隊の一部部隊は、パクティーアー州の東部山岳地帯にある反乱勢力の訓練施設を襲撃し、400人ものウズベキスタン人と外国人傭兵を掃討した。

反乱勢力は地上からの攻撃に先立つ空襲に耐えられる場所に陣地を構えていたため、バグラムからは高機動ロケット砲システム（HIMARS）による攻撃が展開され、F-15E、A-10A、そしてB-1Bまでもが近接航空支援を実施した。

この攻撃で2人のレンジャーが戦死し、自爆攻撃を受けた軍用犬ハンドラーを含む数多くのレンジャーが負傷した。

2010年、連隊は反乱勢力の本拠地のカンダハール州とヘルマンド州でタリバンを追跡する「レンジャー・サージ作戦」を開始した。この作戦は当初「チーム・ダービー」と名づけられたチームによって進められた。その後、「チーム・ダービー」はダービーと並ぶ伝説のレンジャー指揮官にちなんで、のちに「チーム・メリル」と改称された。

この「チーム・メリル」は第2大隊から選出された

「チーム・メリル」は第2次世界大戦時にビルマ戦線で日本軍を苦しめた「メリルの襲撃者」を率いたフランク・メリル准将の名前を冠している。写真のトム・ツボタ氏は同部隊に所属した経験を持ち、今なお存命の最高齢者で、2017年1月14日に102歳になった。（US Army）

２個小隊からなる部隊で、通常、レンジャーや特殊作戦部隊（SOF）が３カ月から４カ月かけて行なう実任務を２カ月延長して作戦に従事した。

これらの小隊は夜間にタリバンの根拠地へ移動し、１個小隊が事前に指定されていたコンパウンド（集合建造物などの家屋）や近隣のコンパウンドに陣地を設ける。もう１つの小隊が情報収集のために情報収集拠点（NAI）に進出したり反乱勢力のコンパウンドを襲撃した。

情報収集や反乱勢力のコンパウンドを襲撃が完了すると２個小隊は合流して、混乱した反乱勢力が反撃してくるのを待った。この行動はのちに２日かけて行なわれるようになり、３日目の夜にレンジャーは現場を離脱するようになった。

任務にあたり、日中はA-10AサンダーボルトⅡ攻撃機（愛称ウォートホッグ）とAH-64Dアパッチ・ロングボウ戦闘ヘリコプターの近接航空支援を受け、夜間はAH-6とAC-130がこの任務についた。

レンジャーは数百人の反乱勢力を殺害し、「チーム・メリル」が実施した戦闘は「不朽の自由作戦」において最大規模、そして最も激しい戦いの１つとなった。

タリバンとの激戦

レンジャーは、タリバンの根拠地では兵士となり得る年齢の武装した男性全員を敵と見なし、行動を制限される国際治安支

監視任務中の「チーム・メリル」の隊員たち。手前の隊員の足元に分隊支援機関銃（SAW）の弾薬ケースが置かれ、激しい交戦に備えていることがうかがえる。手首にはめられた「KIAブレスレット」には戦死した戦友の名前が刻まれた。かぶっている迷彩擬装網は頭の輪郭を不明瞭にし、火傷をしかねないアフガニスタンの強い日差しから頭部を守る日除けにもなった。（US Army）

援部隊（ISAF）の交戦規定（ROE）ではなく、「不朽の自由作戦」のROEに従って行動した。

　このような行動の1つ、ザリ・パンジャイで実施した「ドーベルマン作戦」で、第1大隊D中隊の第2、3小隊は、特殊部

「不朽の自由作戦」（アフガニスタン、2009～2013年）での軍装

❶マークスマン（2009年）

イラストの隊員は2009年に採用されたクライ・プレシジョン社製マルチ・カム戦闘服を着用し、インテグラル・ニー・パッドを付けている。従来の陸軍標準戦闘服（ACU）は兵舎で引き続き使用された。イーグル・インダストリー社製プレート・キャリアにレンジャー・グリーンのレンジャー装具携行システム（RLCS）マガジン・パウチが取り付けられ、マガジン（弾倉）をすばやく取り出すために、マガジン・パウチの口が開かれたままになっている。右後方のマガジン・パウチからAN/PRC-148無線のアンテナが出ている。ほとんどの作戦でメリル社製のソウトゥースのようなハイキング・ブーツが従来の重い戦闘ブーツに取って代わった。モジュラー統合通信（MICH）TC-2001ヘルメットの下にペルター無線ヘッドセットを装備している。イラストの隊員は標準支給品となったワイリーエックス社の防護サングラスをかけている。武装は7.62mm×51弾薬口径のMk17特殊作戦部隊用戦闘アサルト・ライフル（SCAR-H）で、エルカン・スペクターDR光学照準器、LA-5赤外線イルミネーター、スカウト・ライト（フォアアームの右側に装着）が取り付けられた。このライフルが当時最も新型だった。床尾にガーミン社製のGPSがテープ留めされている。9mm×19弾薬口径のグロック17拳銃が腰のセルパ・ホルスターに収められている。

❶a ジップ・パッチは一般的にこのような形状で、左袖の上部に縫い付けられ、同じものがプレート・キャリアにも装着される。

❷軍用犬ハンドラー（2011年）

レンジャーは「対テロ戦争」で、多用途犬（MPC）を多く採用した。以前は民間会社から犬とハンドラーの提供を受けていたが、2007年にレンジャー自隊による本格的なMPCプログラムが開始された。連隊最初のMPC訓練で4人のレンジャーがハンドラー資格を取得し、2009年には12人、最終的には派兵されているすべての小隊に配備できるだけのMPCとハンドラーが誕生した。レンジャーはMPCにベルジアン・シェパード・ドッグ・マリノアとダッチ・シェパードの両種を採用し、爆発物の探知と捕虜の監視に用いた。MPCのハーネスにはカメラを取り付けるマウントがある。MPCは戦術面で有効なだけでなく、多くの若年隊員の精神衛生の安定にも寄与した。ハンドラー隊員は5.56mm×45弾薬口径のM4A1カービンと9mm×19弾薬口径のグロック拳銃で武装した。イラストのハンドラーは銃身長10インチ（25.4センチ）で特殊戦用特別改良（SOPMOD）ブロック2キットで改良さ

（104ページに続く）

隊の援助により創設されたアフガニスタンの「パートナー部隊」とともに、3個前進拠点に順次投入された。

　レンジャーが自らの拠点に戻ると、タリバンが大規模かつ強力な攻撃を仕掛けてきた。タリバンはレンジャーの拠点側面に弱点がないか探り始め、交戦を一時中止すると、周辺住民の子供をともなって移動した。彼らはレンジャーと支援航空部隊は子供がいると発砲しないのを知っていたからだ。

れたM4A1カービンにスペクターDRスコープ、LA-5赤外線イルミネーター、サンファイアー社製ライトを装着している。ヘルメットはMICH TC-2002で、RLCSマガジン・パウチの付いたイーグル・インダストリー社製プレート・キャリアのベストを着用している。このベストは標準支給品となっていた。

❸襲撃隊員（2013年）
イラストの隊員はクライ・プレシジョン社製マルチ・カム戦闘服とオプスコア社製FASTヘルメットを着用している。マルチ・カムのカバーをかぶせたヘルメットはライトやカメラを取り付けるブラケットがあり、MSAソルディン・ヘッドセットを装着できる形状をしている。イーグル・プレート・キャリアにはマルチ・カムのパウチが取り付けられている。SOPMODブロック2キットで改良されたM4A1カービンは、銃身長に近い長さの金属製ハンドガードが装着されており、現場で迷彩塗装された。長いピカティニー・レールには、スイングして使用する拡大レンズを備えた遠距離照準を可能にするEOTech社製の近接戦闘照準器、LA-5赤外線イルミネーター、スカウト・ライト、マグプル社製ポリマーPMAGマガジン、バーチカル・ピストル・グリップが取り付けられている。ほかにサウンド・サプレッサーを装着したグロック17拳銃をクライ・プレシジョン社製のガンクリップ・ホルスターに入れて携行している。この特殊な拳銃は隠密裏に夜襲する場合に使われた。連隊偵察中隊（RRC）もこの拳銃を装備している。隊員はM4A1で使うマガジンを7個追加で携行し、2発の発光手榴弾、2発の破片手榴弾、1発の化学発煙手榴弾、拳銃の予備マガジン2個を携帯している。

多目的犬を連れた第3大隊の大隊本部と本部中隊配属のレンジャー隊員。アフガニスタンにおける夜間戦闘作戦の様子。(US Army)

　反乱勢力は近接航空支援をする航空機が給油のために現場を離れるのを待って、別の方向から攻撃を再開した。この2日間の戦いで衛生兵1人が戦死し、数人のレンジャーが重傷を負った。

　輸送ヘリコプターが戦死者、負傷者の後送のために飛来すると、レンジャーは反乱勢力がいる、もしくはいると思われる方向へ30秒間射撃を行なって、ヘリコプターが安全に進入・離脱できるよう支援した。

　別の「チーム・メリル」の作戦で、MH-47ヘリコプターが着陸中に仕掛け爆弾の起爆ワイヤーを引っかけて爆発させ機体に被害を受けた。その後、レンジャーの1人も、タリバンが仕掛けたブービー・トラップ（仕掛け地雷）を踏んでしまった。

　2010年10月に行なわれた「マシュー作戦」で、レンジャー1人が戦死し、12人が重傷を負った。2010年末の時点で「チー

2010年にカンダハール州で反乱勢力の攻撃に応戦する交通遮断任務のレンジャー隊員たち。SOPMODブロック2で改良されたM4A1カービンにはスイング式の拡大レンズを備えたEOTech社製光学照準器が取り付けられている。M203A1グレネード・ランチャーに代わってサイド・オープニング式のH&K社製M320グレネード・ランチャーが左側の低い塀に立てかけられている。このグレネード・ランチャーは単体でも使用できる。(米国防省)

ム・メリル」に所属したレンジャーのうち16人が戦死した。他方、反乱勢力側の戦死者は数百人と推定されている。

「エクトーション・ワン・セブン」墜落の悲劇

　犠牲者の増大と攻撃目標の減少から「チーム・メリル」の作戦は2011年に終了した。一方、新たに統合特殊作戦コマンド司令官になったビル・マクレイヴン海軍中将は、指揮下の部隊に反乱勢力に対抗する作戦の実施を命じ、集落安定作戦プログラ

ム（VSO）が始まった。

　VSO作戦ではシールズ、陸軍特殊部隊、海兵隊特殊作戦コマンド（MARSOC）の部隊、イギリスのSASチームが、「インク・ブロット（インクの染み）」と名づけられた活動のために地方へ派遣され、地域警備部隊として地元住民の近くに駐留し、反乱勢力の浸透と影響力を排除しようと試みた。

　レンジャーは夜襲による攻撃任務を継続し、反乱勢力の脅威を低下させてVSOの促進に努めた。

　2011年8月になると、兵力を増強したレンジャーの1個小隊がヴァルダク州タンギ渓谷の暗号名「レフティー・グローヴ・ターゲット」に周囲の山岳からパトロールを行ない、タリバンのリーダーを捜索して多数の被疑者を拘束した。

　戦闘中に何人かの目標人物と思われる被疑者が徒歩で逃走したが、逃亡を阻止する味方部隊がいなかったので、2機の州兵空軍所属のCH-47Dチヌーク輸送ヘリコプターに搭乗したシールズの即応部隊が現場に投入された。

　コールサイン「エクトーション・ワン・セブン」のCH-47Dが着陸の体勢に入ったとき、反乱勢力が対戦車ロケット弾（RPG）を発射して後部ローターに命中させた。

　CH-47Dが墜落して、その後爆発し、38人が死亡した。レンジャーは被疑者を直ちに解放すると、2.5マイル（4キロ）離れた墜落現場へ走って向かった。炎を上げる墜落機の内部に生存者はなく、ヘリコプターに搭載されていた弾薬が誘爆を起こしてレンジャー2人が負傷した。この1個小隊は翌日まで墜落現場にとどまり、戦死したシールズ隊員とパイロットの遺体を収容した。

現在も続くアフガニスタンの戦い

　アフガニスタン政府からの政治的圧力と、2010年2月のガルデーズ襲撃でレンジャーが誤って数人の民間人を射殺したことから、いくつかの夜襲の交戦規定（ROE）が変更された。

　まずレンジャーが襲撃作戦を展開するにあたって、最少7人のアフガニスタン人を同行するようアフガニスタン側から要求され、彼らが攻撃前に民間人の避難を拡声器で呼びかけることになった。ところがこの呼びかけは、多くの場合、反乱勢力の

2012年8月にヘルマンド州で撮影された反乱勢力のリーダーを追って隠れ家を捜索中のレンジャー隊員。双眼鏡型のAN/PVS-15暗視装置を使用し、スペクターDR光学照準器を装着したM4A1カービンで武装している。ガーミン社製のGPSを手首に付けている。(米国防省)

逃走につながる結果となった。

　すべての作戦は作戦調整グループと呼ばれるアフガニスタン当局の事前承認を得ることになった。統合特殊作戦コマンド（JSOC）のブリーフィングでは夜襲は次のように行なわれていると発表された。

　「我々は対象の区画を包囲し、呼びかけを実施している。8割方において銃撃戦は発生せず、目標としていた人物は母国語の呼びかけに応じ、投降している。我々は兵士となり得る年齢の

2010年に撮影されたカンダハール州の夜明け。襲撃部隊が目標区域を掃討するあいだ、警戒隊員は暗視装置を使って監視と目標隔離を行なう。この兵士はプレート・キャリアが身体の横にもあるレンジャー・グリーンのイーグル・インダストリーズ社製ロデーシアン・リコン・ベスト（RRV）を着用。導入されてまもないマルチ・カム・ヘルメット・カバーがヘルメットにかぶせられている。（米国防省）

男を女や子供から引き離して尋問を行ない、区画を詳細に捜索し、通信機器を押収している。容疑者のポケットの中のゴミまで精査している」

「エクトーション・ワン・セブン」墜落の悲劇は過去のものとなったが、アフガニスタンに駐留したレンジャーにとって悪夢のような日は過ぎ去ってはいなかった。

2013年10月の襲撃作戦で、レンジャーがパンジュワイのターゲット区画の内部と周囲に隠されていた十数個の即席爆発物（IED）を起爆させてしまい、レンジャー2人と現地生活風習サポートチームの1人、そして憲兵1人が戦死した。

ほかのケースでは逃亡者が着用していた自爆ベストを起爆さ

2013年にローガル州で撮影された夜間に行なわれる「キル・オア・キャプチャー(殺害または捕獲)」作戦。写真の隊員は導入まもないM240L汎用機関銃で武装している。この機関銃は機関部本体がチタン製で、従来型に比べると約5ポンド(2.2キロ)ほど軽量化された。(US Army)

せ、レンジャー8人が負傷した。このうちの何人かは障害が残るほどの重傷だった。次の自爆攻撃で、レンジャー6人が負傷した。爆発物処理兵が到着し、安全を確認をすると現場にまだ10個のIEDが残っていた。

　本書執筆の段階においてもレンジャーは依然としてアフガニスタンに駐留しており(2014年に「不朽の自由作戦」から移行)、「自由の番人作戦」と国際治安支援部隊が主導する「確固たる支援作戦」に参加し、対テロ作戦を継続している。

第6章
イラクの自由作戦
2003年3月20日～2011年12月15日

2006年12月、イラクのモスルで作戦中の「タスク・フォース・ノース」のレンジャー隊員。デジタル・ピクセル模様の陸軍標準戦闘服（ACU）の上にロデーシアン・リコン・ベスト（RRV）アーマー・プレート・キャリアを着用している。M4A1カービンに新型戦闘光学照準器（ACOG）やエイムポイント社製光学照準器が取り付けられている。（75th Ranger Regiment）

知られざる「タスク・フォース20」

2003年3月20日に始まった「イラクの自由作戦」でも、第75レンジャー連隊は統合特殊作戦コマンド（JSOC）に直属し、サウジアラビアのアラーから出動した統合特殊作戦「タスク・フォース20」で重要な位置を占めた。

公式戦史でこの「タスク・フォース20」に関する詳細な記述はなく、JSOC部隊についても触れられていない。

公式戦史には次のような記述がある。「タスク・フォース20は、第75レンジャー連隊、第82空挺師団から派出された即応部隊、高機動ロケット砲システム（HIMARS）部隊によって構成され、もう1つの特殊作戦部隊（SOF）が西部と南部を担当していた」

デルタ・フォースの分遣隊（1個がのちに2個分遣隊に増強され「タスク・フォース・ウルヴァリン」となった）、空軍第24特殊戦術中隊と第160特殊作戦航空連隊から送り込まれた部隊も同様に公式戦史では触れられていない。

レンジャーの最初の任務は、レンジャーが伝統としてきた任務で、バグダッド国際空港（当時サダム国際空港）の占領だった。

計画は「タスク・フォース20」のヘリボーン襲撃部隊が最初の攻撃を行なったのちに、レンジャーが戦闘降下して飛行場の制圧と警戒を行ない、後続の第82空挺師団の第2旅団が進出することになっていた。

大規模な演習がアメリカ国内のフォート・ベニングとフォート・ブラッグで行なわれていたものの、一般部隊のイラク南部進攻が予想以上に早いテンポで進んだため、3月24日に作戦は中止になった。

2003〜2004年に撮影されたターゲット建造物内部を掃討中のレンジャー隊員。レンジャー襲撃携行装備（RACK）に下げられたグローブから、隊員はファストロープ降下して現場に入ったことがうかがえる。グローブの下には銃身を短く切ったレミントン870ショットガンが見える。この銃はドアを破るために使われる。(75th Ranger Regiment)

イラク軍機甲部隊との戦い

バグダッド国際空港の占領作戦が中止になり、第3大隊の1個小隊は、「タスク・フォース20」に編入された暗号名「タスク・フォース・ハンター」のHIMARS部隊をイラク軍機甲部隊から防御する任務につくことになった。

この小隊は、TOW-Ⅱ対戦車ミサイル搭載した高機動多用途装輪軽車両（ハンヴィー）で移動する第82空挺師団の対戦車中隊と合流し、イラク機甲部隊の攻撃に備えた。

第2大隊B中隊の兵員で構成された暗号名「タスク・フォース・スピアー」は、タスク・フォース・ハンターに追加の弾薬と燃料を補給するためにイラク国内に入ったコンボイの護衛を命じられた。

レンジャーと「タスク・フォース20」は、暗号名「チーム・タンク」の戦車部隊による通常にはない戦力増強を受けていた。「チーム・タンク」の名称は、半装軌車（ハーフトラック）に75mm榴弾砲を搭載した自走砲4門を装備・編成されていた第2次世界大戦中のウィリアム・ダービー大佐の砲兵中隊に由来する。ダービー大佐の砲兵中隊は1943年にレンジャーとともにイタリアで戦っている。

「チーム・タンク」による増強は、「タスク・フォース20」とレンジャーに機甲戦力を提供することだった。イラク軍の戦車を破壊する任務は、10両のM1A1エイブラムス戦車と支援車両を派出した第70戦車連隊第2大隊C中隊が担当した。この作戦で一時的に「チーム・タンク」はレンジャー第1大隊の指揮下に置かれた。

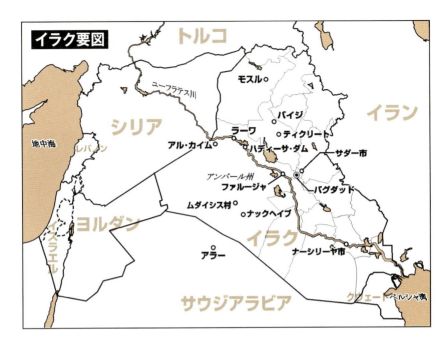

敵飛行場に夜間戦闘降下

バグダッド国際空港の占領作戦が中止されたことから、第3大隊C中隊は暗号名「ロードランナー」のアル・カイム付近の砂漠にある飛行場を占領して前線基地と前線給油点（FARP）を設定するために夜間戦闘降下を行なった。この中隊は2003年3月24日にも同様の夜間戦闘降下を行なっている。

3月23日には、暗号名「サイドワインダー・サウス」と「サイドワインダー・ノース」を攻撃する準備として、第1大隊A中隊と大隊本部が陸上機動車（GMV）に乗車して、砂漠の中の暗号名「コヨーテ」飛行場を攻撃・占領した。

「サイドワインダー・サウス」目標飛行場とナックヘイブにあった駐屯地の攻撃は砂嵐によるイラクの南部と西部の多国籍軍

の作戦行動中止のあおりを受けて遅れて実施された。作戦成功後、A中隊は現場を第1大隊C中隊と対戦車中隊に引き継ぎ、3月27日に「サイドワインダー・ノース」の攻撃に向かった。

ムダイシス村にある敵駐屯地「サイドワインダー・ノース」において、A中隊はレンジャー大隊の120mm迫撃砲チーム、AH-6ヘリコプター、タスク・フォース・ハンターの支援を受けて任務を成功させた。

生物・化学兵器研究所への強襲作戦

3月26日、暗号名「ビーバー・ターゲット」目標のヘリボーン攻撃がシールズ・チーム6と第2大隊B中隊のレンジャーによって実施された。「ビーバー・ターゲット」とはハディーサ・ダムの南に所在するカーディーシーヤ研究所のことで、ここで生物・化学兵器の開発が行なわれているとの情報がもたらされていた。

公式戦史には「敵からの反撃はあったものの、迅速な攻撃でレンジャーは敵を圧倒し、研究所となっていた湖岸の宮殿を制圧した」と記されている。

「ビーバー・ターゲット」に対する攻撃は教範どおりのヘリボーン攻撃になった。4機のMH-60Kがレンジャーをターゲットの建物の周辺4拠点に送り込み、レンジャーは敵の増援を阻みながら、目標を隔離する配置についた。

2機のMH-47Eによって、シールズ・チーム6は建物の正面

2003年4月にイラクの作戦を支援するため派兵された第1大隊A中隊所属のレンジャー隊員。森林地帯用迷彩の新型特殊作戦要員必須装備（SPEAR）のボディー・アーマー装具携行システム（BALCS）を砂漠迷彩戦闘服（DCU）の上に着用している。背中に突入・破壊作業時に使うボルトカッターを背負っている。（75th Ranger Regiment）

に着地し、上空から２機のMH-6に搭乗したシールズの空中スナイパー・チームが警戒した。

　近接航空支援は、２機のMH-60Lで編成される直接行動突入部隊（DAP）とAH-6が行ない、２機のMH-47Eが周辺空域でレンジャー即応部隊と戦闘捜索救難（CSAR）部隊を乗せて旋回する予定だった。

　ヘリコプターがターゲット地点に近づくと、敵の反撃が始まり、２機のMH-47Eと３機のMH-60Kが損傷を受けた。地上ではヘリコプターから走り出たレンジャーの１人が背中に敵弾を受

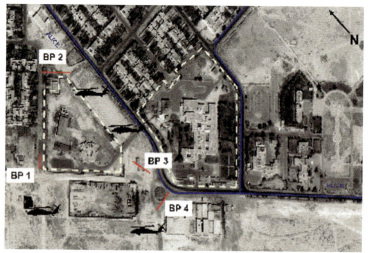

作戦の事前ブリーフィングで使われた「ビーバー・ターゲット」(カーディーシーヤ研究所)の航空偵察写真。襲撃時にターゲットを隔離し、警戒する4地点が記入されている。このターゲットは、2003年3月26日に「シールズ・チーム6」がレンジャー第2大隊B中隊の支援を受けて襲撃した。(75th Ranger Regiment)

けた。銃弾は兵士の身体を貫通して正面ボディー・アーマー・プレートの裏側で止まった。負傷した兵士は「ロードランナー・ターゲット」に後送され、駐機していたC-130輸送機内で医療チームの手当てを受けた。

第160特殊作戦航空連隊(SOAR)の先任搭乗員も敵の小火器によって重傷を負い、先の負傷者と同様に「ロードランナー・ターゲット」に後送された。

レンジャーは「ビーバー・ターゲット」でイラク軍の軍服を着用した正規兵と私服の民兵と交戦した。レンジャーが火力戦闘を行ない、シールズが施設内の化学兵器や生物兵器の痕跡を精密現地調査(SSE)した。

防戦する敵をAH-6とDAPが何度も押し返した。レンジャーは

地上に降着してから45分後に包囲網を解き、MH-60Kに搭乗してアラーに帰投した。

「サーペント・ターゲット」への空挺作戦

3月27日、第3大隊A中隊で編成されたレンジャーは、のちにH-1航空基地として知られたイラクの重要軍用飛行場（暗号名「サーペント・ターゲット」）へ夜間戦闘降下した。

沈黙させられなかったイラクの対空火器を回避するため、降下地点までは揺れをともなった飛行が続いた。

レンジャーは、降下直前にパラシュートの自動開傘索の最終確認をしながら機内で「レンジャーの信条」（5ページ参照）を唱和した。降下高度は500フィート（152メートル）で危険をともない、着地の際に十数人が負傷した。

空挺作戦ではよくあることだが、敵の抵抗がどれだけ続くか把握できず、降着後の補給が難しいことから、レンジャーは1人あたり220ポンド（100キロ）以上もの装備や弾薬を携行していた。降下高度が低いだけでなく、この携行装備の重量もこの降下を難しいものにした。

レンジャーと一緒に陸軍第27工兵大隊の分遣隊も降下した。着地後、この分遣隊はイラク軍が滑走路の使用を妨害するために置いた車両の撤去作業を開始した。イラク軍が残留しているとは想定していなかったが、レンジャーは周辺区域に散開すると警戒配置についた。レンジャー用全地形対応車も数両、パラシュートで地上に投下され、降下時の負傷者の搬送に活用された。

レンジャーと工兵は、占拠した飛行場をヘリコプターの行動

拠点として使用できる状態にわずか5時間で準備し、後続部隊の受け入れ態勢を整えた。

　ヘリコプターの行動拠点の獲得は、多国籍軍の作戦遂行にとって重要で、アメリカ陸軍の公式戦史に次のように記されている。

　「イラク戦争で『サーペント・ターゲット』への空挺作戦は、

イラク反乱勢力を制圧するために、Mk48分隊支援機関銃を射撃するレンジャー隊員。撮影された正確な場所は不明。Mk48分隊支援機関銃と隣りの隊員が使用しているM4A1カービンには、いずれもトリジコン社製新型戦闘光学照準器（ACOG）が取り付けられている。射手の上腕に識別用の星条旗の反射パッチが装着され、ヘルメットには上空の友軍機から味方と識別できるよう正方形の反射テープが貼られている。(75th Ranger Regiment)

比較的小規模なものだったが、イラク西方の砂漠での全作戦を考えると、『サーペント・ターゲット』の確保は不可欠だった。イラクの西半分で作戦を展開する際に、H-1航空基地が支援基地（集結・準備拠点）となった。その後、レンジャー第3大隊B中隊が『ハディーサ・ダム』攻撃へ出動したのもH-1航空基地からだった」

レンジャー最大の作戦

　レンジャーが実施したイラク進攻の最も大規模な作戦は「リンクス・ターゲット」の暗号名がつけられたハディーサ・ダムの攻略・奪取だろう。

　このダムと付属施設は、ユーフラテス川沿いに6マイル（9.7キロ）にわたって続いていた。多国籍軍上層部は、サダム・フセインがダムを決壊させて約2立方マイル（8.33立方キロメートル）の水を放流し、進撃する多国籍軍部隊を水没させること

イラクで建物内を掃討中のレンジャー隊員。M4A1カービンには特殊戦用特別改良（SOPMOD）ブロック1キットで採用された短銃身のM203A1グレネード・ランチャーが装着されている。M48エイムポイント社製光学照準器は2000年代後半に第75レンジャー連隊の標準装備品となった。
（75th Ranger Regiment）

を恐れていた。

　1991年にイラクがクウェートから退却する際、サダム・フセインが油田に火を放つよう命じた前例が、この危惧に信憑性を与えた。

　ハディーサ・ダムはイラクが重点的に兵力を配備している4つの拠点の1つであることも明らかになっていた。このダムに

イラク軍部隊を釘付けできれば、前線の兵力が不足し戦争を早期に終結させることにつながると「タスク・フォース20」は考えていた。

ダム周辺にイラクの1個機甲大隊が展開し、ダムには1個歩兵中隊が配置されていると推測された。これらのイラク軍部隊は、サダム・フェダイーン（サダム殉教者軍団）民兵の支援を受け、大量の南アフリカ製155mm榴弾砲、対空火砲、地対空ミサイルで武装されていた。

イラク軍は優れた火力を主に南からの攻撃に対する防衛線に配備していたので、西側から攻撃するレンジャーにとっては有利だった。またデルタ・フォースの偵察が必要な情報を収集し、その後の作戦行動を決定づけることになる。

デルタ・フォースは赤外線ヘッドライトとエンジン音を消すマフラーを装備した全地形対応車9両に分乗して出動し、レンジャーが作戦開始する前に爆撃すべきイラク軍の防衛施設を指定していった。

ハディーサ・ダムの攻略・奪取作戦

ハディーサ・ダムの攻略・奪取作戦は、当初デルタ・フォースが担当し、レンジャーは敵の自発的な退却を促す陽動作戦を受け持っていた。しかしイラク軍の激しい抵抗が予想されたため、ダムの占領は兵力が大きいレンジャー連隊が実行することになった。

レンジャー第3大隊B中隊と、C中隊の第3小隊、同大隊の2個スナイパー・チーム、120mm迫撃砲チーム、大隊本部、車両整備班の計154人がH-1航空基地から陸路出撃することになっ

レンジャー特殊作戦車両(RSOV):イギリスのランド・ローバー製110ディフェンダーの車体を改造したこのクラシカルなRSOVは、パナマとアフガニスタンで使われた。イラストは2001年の姿である。現在RSOVは陸上機動車(GMV)に換装されつつある(134ページのイラスト参照)。7人乗りの標準型の兵員輸送用車両のほかに、(128ページに続く)

> 野戦救急車（MEDSOV）、迫撃砲搭載車（MORTSOV）、通信車（Shark）などの派生型が作られた。1個レンジャー大隊に12両の標準型RSOVが配備され、1個班が12.7mm M2重機関銃を搭載し、もう1個班が40mm Mk19自動グレネード・ランチャーを搭載した。RSOVは濃いドラブ・グリーン色に塗装された。

た。

　地上部隊にはレンジャーを目標へ誘導するためにデルタ・フォースの分遣隊と近接航空支援を管制するための空軍第24特殊戦術中隊の小規模なチームが同行した。

　攻撃に合わせて、レンジャー第3大隊A中隊に南部のラーマディー国道の橋を確保する任務が与えられた。B中隊第1小隊はダムの南西端を占領し、B中隊第2小隊が北東端、C中隊第3小隊がダムの発電所を確保し近くのハディーサからのイラク軍の増援を阻止する配置につくことになった。B中隊第3小隊はH-1航空基地に待機し、タスク・フォースの即応部隊（QRF）となった。

　ハンヴィーの陸上機動車型と貨物型に乗車した攻撃部隊は、2機のAH-6の支援を受けて、2003年4月1日の夜明けに直接ダムへ進攻した。ハンヴィーには1両に9人の兵士が詰め込まれた。初期のイラク軍の抵抗は小さく、主要ターゲットを無血で占領した。

　しかし、北東端の状況は、イラク側が対戦車ロケット弾（RPG）を撃ち込んでくるため一変していた。スナイパーの1個チームが1000ヤード（914メートル）以上離れたところからRPGの射手に向けて狙撃し、イラク軍を沈黙させた。

スナイパーは7.62mm×51弾薬口径のM24とSR-25スナイパー・ライフルを使用した。12.7mm×99弾薬口径のM-107アンチ・マテリアル・ロングレンジ・スナイパー・ライフル（対物破壊／遠距離狙撃銃）を使用すれば、2000ヤード（1829メートル）以上の距離で狙撃可能だったとされる。

スナイパーは狙撃とともにレンジャーの120mm迫撃砲チームの前進観測員も務めた。第2小隊は制圧範囲を北東へ広げ、イラク軍のトラックが接近すると、陸上機動車（GMV）に搭載の12.7mm重機関銃を使用して応戦した。敵のトラックには1個分隊の増援部隊が乗車しており、5人が戦死したものの、残ったイラク兵は長時間にわたり銃撃戦を展開した。このとき、AH-6が上空から機関砲によって、イラク軍の掩蔽壕とS-60対空機関砲を破壊した。

イラク軍による迫撃砲の猛射

C中隊第3小隊は「コバルト・ターゲット」と名づけられた発電・変圧施設に配置されていたイラク軍との交戦を開始した。1個分隊が制圧射撃を行ない、ほかの兵士が突進して多数のイラク兵を捕虜にした。

「コバルト・ターゲット」にある多数の建物にはイラク兵が残存していた。第3小隊が建物を掃討するあいだに狂信的なサダム・フェダイーン民兵とイラク軍兵士から何度も反撃された。

この作戦中にレンジャーの対戦車チームは84mm無反動砲カール・グスタフM3対戦車武器システム（RAWS）を使用して、イラク軍トラックを破壊した。

ダムの上に展開した第1小隊と第2小隊のレンジャーは悪夢

のような82mm迫撃砲の猛射を浴びた。攻撃機の爆撃とH-1航空基地の高機動ロケット砲システム（HIMARS）による12回の砲撃、加えてスナイパー・チームとAH-6ヘリコプターからの銃撃で、ようやくイラク軍の迫撃砲は一時沈黙した。

しかし、散発的な迫撃砲の砲撃はその後もやまなかった。イラク軍迫撃砲陣地の1つは、ダム湖の中の険しい断崖に囲まれた島にあった。レンジャーはFGM-148ジャヴェリン対戦車ミサイル（ATGM）を射撃し、A-10A攻撃機が2発の1000ポンド（454キロ）爆弾を投下してこの陣地を攻撃した。

4月2日には、迫撃砲だけでなく、155mm榴弾砲の砲弾が断続的にレンジャーの陣地に撃ち込まれるようになった。レンジャーたちに戦死者が出なかったのは奇跡で、ダムや陣地一帯に350発以上の155mm砲弾が着弾したと考えられている。

砲弾により重傷を負ったレンジャーが数人いて、その中の若い兵士1人は砲弾の破片で失明した。第160特殊作戦航空連隊（SOAR）に負傷者の状況が伝えられると、SOARは危険な昼間にかかわらずヘリコプターを送り込み、負傷者を後送した。

幸運な出来事も数多くあった。その一例がGMVに乗車していた3人のレンジャーだ。GMVのすぐそばに155mm砲弾が着弾し、3人は吹き飛ばされ、GMVは横転した。だが、3人は一時的に耳が聞こえなくなった以外、無事だった。

レンジャーと戦闘管制官の連携

レンジャー偵察分遣隊（RRD）によって発見された敵の砲兵陣地は、特殊戦術戦闘管制官によって航空機が誘導され攻撃を加えた。やがてイラク軍の砲撃が減少していった。

2002年に撮影された陸上機動車(GMV)。車両の上部に40mm Mk19自動グレネード・ランチャーが搭載され、M240汎用機関銃も車両の後部から見える。ルーフの左右にAT-4(M136)対戦車ロケット発射筒を搭載している。ライトガードと車両サイド、ボンネットにオレンジ色の敵味方識別標識が付けられている。(75th Ranger Regiment)

レンジャーと戦闘管制官の連携で、29両のイラク軍装甲戦闘車両(AFV)、3両のトラック、24カ所の迫撃砲陣地、約30門の155mm榴弾砲が爆撃を受けて破壊された。イラク軍の戦死者は230人に上った。

作戦開始から5日が経過すると、敵からの砲撃はほぼ停止した。包囲されながら抵抗を続けるイラク軍陣地はあったものの、レンジャーは制圧範囲を拡張していった。

激戦のさなかにもかかわらず、理由は定かでないが、レンジャーたちは髭を剃ることを命じられている。

4月6日になると、「タスク・フォース20」の「チーム・タ

ンク」の２両のM1A1エイブラムス戦車が到着し、レンジャーの援護を開始した。

地上の戦闘は継続していたが、地下にあるダムの施設では特殊部隊所属の経歴をもつ工兵が、イラク人職員とともに根気強くダム施設の修理にあたっていた。ダムは長年にわたり補修維持されておらず、イラク軍の砲撃で損傷し、危険な状態だった。

自爆テロによる最初の犠牲者

ハディーサ・ダム攻略・奪取作戦では、主攻部隊は24時間の戦闘行動を想定し、戦場に48時間留まれるよう計画されていた。ところが、予備隊として待機していたB中隊第３小隊が到着したのは１週間後だった。交代の予備隊が到着し、戦闘で疲

武勇を讃える部隊賞詞

敵に対して行なわれた、卓越した英雄行為を賞して。

イラクの自由作戦実施中の2003年３月30日から2003年４月９日まで、統合タスク・フォースは傑出した英雄行為を成し遂げた。敵占領下にあったアンバール州のハディーサ・ダムの奪取作戦において、アメリカ陸軍と空軍の特殊作戦部隊は目覚ましい剛勇を発揮し、本作戦を完遂したことで、ユーフラテス川の両岸を結ぶ通信線が確立され、敵兵によるダムの破壊が回避された。

これらの部隊は、敵の分隊・小隊、155mm野砲や迫撃砲による激しい砲火にもかかわらず、敵をダムから駆逐し、周囲の敵を殲滅した。部隊の戦闘は賞賛に値するものであり、また部隊の勇猛な行動と強い信念が本作戦の成功につながった。

2006年、イラク北部での「キル・オア・キャプチャー（殺害または捕獲）」作戦展開後に、敵の外国人傭兵から鹵獲した武器を見せているレンジャー隊員。グレー・グリーンの5級戦闘防護服（PCU）防寒ジャケットを着用している。兵士のM4A1カービンのストック上部に通信連絡に必要なコールサイン、符牒、周波数などを書いた備忘録が貼られている。(75th Ranger Regiment)

陸上機動車（GMV）：GMVは高機動多用途装輪軽車両（ハンヴィー）の派生型で、装甲がなく、不要な装備も搭載してない特殊作戦向けの四輪駆動軽汎用車だ。ドアもなく後部は荷台になっている。この車両は襲撃で使われるほか、飛行場の占領作戦で周辺のパトロールにも利用される。イラストは2003年のイラク進攻に向けて訓練中の車両の様子で、12.7mm×90弾薬口径M2重機関銃、（136ページに続く）

> 助手席と車両後方左側の回転式銃座に2梃の7.62mm×51弾薬口径M240汎用機関銃が装備されている。車両の側面にオレンジと黒の敵味方識別（IFF）マーカーが付けられている。同じマーカーがボンネットとフロントグリルにも付けられることが多かった。この陸上機動車に伴走するのはカワサキKL250オフロード・オートバイで、車両の前方を偵察するのに用いられた。GMVはその大きさと重量がアフガニスタンの東部山岳地帯でネックになった。代わりにトヨタ製ピックアップ・トラックを現地調達し改造した車両が使われた。トヨタのピックアップ・トラックは現地でごく一般的な車両だったので、レンジャーが作戦に使用するのには都合がよかった。その外見も軍用車のように威圧感を与えず、夜間作戦などでの運用にも適していた。

斃した主攻部隊はようやく空路でH-1航空基地に帰還した。

　この作戦はベトナム戦争以降、レンジャーが経験した最も長い戦闘だった。レンジャー4人が負傷し、第160特殊作戦航空連隊（SOAR）が空輸後送した。

　4月3日に付近の国道の交通を遮断する配置についていたレンジャー3人が戦死した。

　午前0時すぎ、レンジャーに向かって一般民間車両のSUV（スポーツ用多目的車）が接近してきた。このSUVから女性2人が苦しみながら降りてきた。そのうち1人は妊婦だった。数人の兵士が女性を助けようと進んでいったが、危険を察知した現場指揮官が兵士に下がるよう命じ、自らが1人で女性のところに向かった。

　SUVに近づいたところで突然、車が爆発し、指揮官とレンジャー2人がその場で即死、もう1人が重傷を負った。この事件がイラクでのアメリカ軍将兵の自爆テロによる犠牲者の初めての事例となった。だが、彼らが最後とはならず、その後も自爆

テロによる犠牲者が相次いだ。

ジェシカ・リンチ上等兵の救出作戦

4月1日にレンジャーは世界から注目を集めた「タスク・フォース20」の作戦にも参加している。イラク支配地域内の病院に収容・拘束されていたジェシカ・リンチ上等兵の救出作戦だ。

リンチは陸軍整備中隊の一員で、3月23日に彼女を乗せたコンボイが誤ってナーシリーヤ市街に入り込み、イラク兵の待ち伏せ攻撃を受けた。リンチと5人のアメリカ軍兵士が捕虜となり、情報提供者の通報に基づいて救出作戦が立案された。

作戦では、まずシールズ・チーム6が救出部隊として病院内に突入した。レンジャー第1大隊のA中隊とB中隊は、海兵隊のCH-46シー・ナイト輸送ヘリコプターから降着すると病院敷地内に進入。病院建物への立ち入りを阻止する配置につき、イラク軍の増援部隊の反撃に備えた。

さらにレンジャーの小規模な部隊も地上からの攻撃部隊として陸上機動車(GMV)で現場に進出した。レンジャーは動きにくい対化学・生物・放射線・核戦闘防護服(MOPP)を着用していた。

目指す病院に到着したが、そこに敵兵の姿はなかった。敵兵が不在でも、作戦には危険がつきまとう。CH-46輸送ヘリコプターは現場へ接近する際、対戦車ロケット弾(RPG)に射撃された。支援のMH-6特殊作戦用ヘリコプターは、レンジャーが建物へ突入する時に用いた爆薬の爆風を受けてあやうく墜落するところだった。

リンチの救出作戦がシールズによって成功したのち、レンジャーはリンチらが待ち伏せ攻撃されたとき戦死した複数のアメリカ軍兵士の遺体が病院の外に埋められていることを知った。

レンジャーはシャベルを携行していなかったので、埋められた場所を手で掘り始めた。指揮していた下士官は兵に現場の警戒を命じ、彼ら自身が遺体を掘り起こすという背筋が凍る作業を行なった。

最終的に9人の遺体が収容され、細心の注意を払ってGMVに乗せられて、その後、家族の待つアメリカ本国へと旅立った。

M1A1戦車とT-55戦車の戦い

4月8日の夜、レンジャーと「チーム・タンク」による最初の協同作戦が行なわれた。作戦の目的はティクリートの北側、バイジ近郊に位置する「キャメル・ターゲット」（K-2飛行場）の占領だった。

この攻撃で「チーム・タンク」の機甲部隊がレンジャーを支援した。作戦中にM1A1戦車1両が暗視装置で夜間行動中に溝へ転落し、上下逆さまに転覆してしまった。

レンジャーが車内に閉じ込められた乗員を救出したが、この戦車は行動不能で放棄せざるを得なくなった。搭載されていた機器や物品が敵に渡るのを防ぐため、もう1両のM1A1戦車が2発の120mm戦車砲弾を撃ち込み、擱座した戦車を破壊した。

ほかにレンジャー偵察分遣隊のGMVが「チーム・タンク」のM1A1戦車からの誤射を受け、第24特殊戦術中隊から派遣された前線航空管制官が死亡する悲劇もあった。

4月11日、第1大隊A中隊はアル・サルにあったイラク軍の

飛行場「バジャー・ターゲット」を攻撃するよう命令を受けた。大隊の120mm迫撃砲と上空のAH-6から支援を受けて、「チーム・タンク」とGMVに乗車したA中隊は「バジャー・ターゲット」を攻撃した。

戦車は主砲を使ってイラク軍歩兵を追い払い、レンジャーは下車して主要な建物を次々に掃討した。M1A1戦車は少なくとも2両のイラク軍の旧式なT-55戦車を近距離から破壊した。

暗号名「ファルコン」と名づけられた次のターゲットも確保され、レンジャーが墜落したアメリカ空軍のF-15E戦闘機搭乗員の遺体を回収した。

バース党重要人物の逃走を阻止するため、「チーム・タンク」と第1大隊C中隊、デルタ・フォースはイラクの南北を走る国道1号線の交通を遮断する任務にもあたった。イラク西部奥地への派遣だったため、レンジャーは有志連合機からの誤射を防ぐために、車両に大きな星条旗を掲げた。

重要人物の捕獲に成功

4月14日、レンジャーはイラクにおける今後の役割を暗示する作戦に従事した。1985年のクルーズ船アキレ・ラウロ号の乗っ取りと乗客のユダヤ系アメリカ人、レオン・クリングホーフォアー（障害のため車椅子を使用していた）殺害の首謀者、アブー・アッバースの捕獲だった。

第2大隊A中隊がターゲットとなる建物の周囲に警戒配置につき、ヘリコプターから降下したシールズ・チーム6が建物を急襲したが、最初のターゲットは空振りだった。

このときに得られた情報をもとに、同日の遅い時間に第2の

ターゲットを襲撃した。第２大隊Ｂ中隊が防御線を設定し、第１大隊Ｂ中隊が周辺の建物を掃討し、シールズがターゲットの建物を捜索した。

ところが、意図せずアッバースを確保したのは第１大隊のレンジャーたちだった。拘束された被疑者は多数のパスポート、衛星通信用携帯電話、３万5000ドルの現金を所持していた。

アッバースはレンジャーが戦争初期にイラクで逮捕した重要ターゲット（HVT）人物の１人だった。

バグダッドが陥落すると、レンジャーは「タスク・フォース20」を支援して、「トランプのデッキ」と呼ばれたバース党の重要人物の追跡活動を行なった。

この活動で第２大隊はデルタ・フォース分遣隊とバグダッドのグリーン・ゾーンに設営されたヘリコプター基地の「フェルナンデス」作戦支援サイトから出撃し、イラク全域の戦争犯罪人狩りを実施した。同作戦支援サイトは戦死したデルタ・フォース隊員の名前をとって命名された。

伝説となった近距離戦闘

６月11日、第２大隊Ｂ中隊は中隊規模で暗号名「レインディア・ターゲット」を夜襲した。アンバール州ラーワの「レインディア・ターゲット」には外国人テロリストがいると考えられていた。

複数のAH-6攻撃ヘリコプターとAC-130攻撃機が近接航空支援を行ない、４機のMH-60Kと２機のMH-47Eに搭乗した２個小隊がヘリボーン作戦を実施した。大隊の追撃砲チームが加わった３つ目の小隊はGMVで280キロ移動し、所定の位置につい

た。この地上機動部隊は目標を封鎖して警戒配置につき、120mm迫撃砲陣地を設置した。

特殊作戦コマンド（SOCOM）の戦史『すべての道はバグダッドに通ず』によると、この目標地域はワジ（涸れ谷）で、35フィート（11メートル）の深さ、500フィート（152メートル）の長さ、60フィート（18メートル）から150フィート（46メートル）の幅があり、谷底には険しい岩場があったとされている。2筋の小さなワジがこの「レインディア・ターゲット」へ続いていた。

作戦ではターゲットは「ダッシャー」「ルドロフ」「コメット」の3つに分けられ、第1小隊が「ダッシャー」と「ルドロフ」を襲撃し、第2小隊は「コメット」の封鎖・掃討を担当することになった。

ヘリボーン襲撃部隊が到着する前に、6発の誘導爆弾（JDAM：統合直接攻撃弾）がワジの上空で爆発することになっており、そののちにAC-130が敵を「弱体化」させることになっていた。

事前に爆撃したにもかかわらず、レンジャーとAH-6は、テロリストたちからRPG対戦車ロケット弾の一斉射撃を受けた。

レンジャーの小隊はワジの縁に機関銃チームを配置し、谷の中へ進み、銃火を交えながら敵の防御点へ向かった。テロリストたちは塹壕に隠れながら、至近距離から応戦してきたが、レンジャーの狙いを定めた射撃と手榴弾の攻撃で圧倒された。

伝説となった至近距離の戦闘で敵は70人が戦死し、レンジャーは87基のSA-7携帯地対空ミサイルを含む大量の兵器を鹵獲した。

レンジャー側には対戦車ロケット弾（RPG）で片足を失った

作戦終了にともない警戒遮断線を解く「タスク・フォース・ノース」のレンジャー隊員。写真の隊員は陸軍標準戦闘服（ACU）と、レンジャー・グリーンのイーグル・インダストリーズ社製ロデーシアン・リコン・ベスト（RRV）を着用している。（75th Ranger Regiment）

重傷者1人の人的損害が出た。彼は失血によって意識を失うまで不屈の精神でM4A1カービンを敵に向けて撃ち続け、のちに銃弾の飛び交うなかを危険をおかして飛来したMH-47Eで後送された。

第1小隊と第2小隊は空路でバグダッドへ戻り、第3小隊は第327歩兵連隊の交代部隊に引き継ぐまで、現地に留まり精密現地調査（SSE）を行なった。

歩兵第327連隊から派出された部隊は、2機のAH-64D戦闘ヘリコプターに護衛されたヘリコプター3機に分乗しワジに送り込まれた。交代部隊のヘリコプターが飛来すると、北西に残存していたテロリストから攻撃を受け、1機のヘリコプターがRPG対戦車ロケット弾で撃墜された。

レンジャーの2個分隊は直ちに陸上機動車（GMV）に乗車して交戦しながら墜落現場に急行した。このヘリコプター墜落現場はのちに「ヴィクスン・ターゲット」と命名された。1両のGMVが炎上する墜落機へ向かい、車両を楯代わりにして敵の小火器射撃から墜落機の搭乗員を守り、12.7mm重機関銃で敵を圧倒した。レンジャーは搭乗員を救出すると、複雑な地形の中でさらに近距離の交戦を続け、14人の敵を倒した。

「タスク・フォース・ノース」の被疑者追跡作戦

2004年、核拡散を阻止するため、イラク隣国のイラン奥部に侵入して、イランの核施設を攻撃するデルタ・フォースを支援する任務を第75レンジャー連隊は与えられた。しかし幸運にもこの作戦は実行されなかった。

一方、イラク国内では前政権の残存武装組織と「イラクのア

ルカイダ」と自称する外国人反乱勢力が増大し、レンジャー連隊はこれらの勢力との戦いを継続した。

統合特殊作戦コマンド（JSOC）は反乱勢力のネットワークを断ち切って潰滅させる責任を負っていた。JSOCはこの任務を担当するタスク・フォースを地域ごとに割り振った。レンジャーの「タスク・フォース・レッド」は「タスク・フォース・ノース」の指揮下に入り、最初サダム・フセインの出身地のティクリート、その後モスルに基地を置いて活動した。

かつてレンジャーの連隊長だったマッククリスタル少将（階級は当時）は前年にJOSCの司令官になり、新たに「F^3EAD」（Find：発見する、Fix：調整する、Finish：仕上げる、Exploit：戦機をつかむ、Analyze：分析する、Disseminate：情報を提供する）と呼ばれる作戦の立案・実施の手法を策定した。

「F^3EAD」を用いてJSOCは反乱勢力の指導者、資金提供者、武器製造者を追跡し、拘束または殺害するためにこれらの人物の居場所の把握を目標にした。

コンピュータのハード・ディスクから敵の「ポケットの中にあるゴミ」まで、SSEで得られた情報が分析され、事後のターゲットの選定に活用された。

その結果、反乱勢力は力を失い、モスルでは「タスク・フォース・ノース」による襲撃を恐れ、夕方になると市街地から離脱するようになった。夜間に襲撃しても求める敵がおらず、結果的に空振りの数が増えていることから、レンジャーは伝統的な夜間行動をあきらめて前例のない日中の作戦に転換した。

支援にあたるヘリコプターがより脅威にさらされることになったが、レンジャーは目標を日中に襲撃し、危険性の高い昼間

に目標への接近と離脱のため、新規に調達されたM1126ストライカー装甲兵員輸送車を有効に活用した。

レンジャーは小隊規模で特殊作戦部隊を支援することになり、当初ターゲット襲撃時の隔離と周辺の警戒を担当した。シリアからアル・カイムを経てイラクに入る「ラット・ライン」上を移動する外国人戦闘員を追う「タスク・フォース・ウェスト」が新編されると、レンジャーの1個小隊は恒久的にこのタスク・フォースに編合された。

アルカイダ指導者ザルカウィの追跡

ファルージャの作戦で帰投中だった「タスク・フォース・セントラル」のレンジャーとデルタ・フォースが待ち伏せ攻撃を受けた。MH-6特殊作戦用ヘリコプターとAC-130攻撃機からの近接航空支援を受けながら現場を離脱するまでに、レンジャーの2両のGMVが破壊されて数人の重傷者が出た。

2004年11月に発生したファルージャからイラク北部の都市モスルに逃れた外国人テロリストとイラク反乱勢力との戦いで、「タスク・フォース・ノース」は中心的な役割を果たした。

さらに「タスク・フォース・ノース」にテロリストに占拠されたホテルの奪還が命じられ、レンジャーとデルタ・フォースのスナイパーが一般部隊に配属されてこの作戦に参加した。

2005年に入ると、作戦行動の頻度が増え、それにともないレンジャーの負傷者と戦死者が増加した。この時期のJSOCのターゲットは在イラクのヨルダン人のアルカイダ指導者、アブ・ムサブ・ザルカウィであった。

2005年2月20日にデルタ・フォース支援の作戦中、レンジャ

イラクのモスルで特殊部隊がターゲットにする家屋の周辺を警戒・交通遮断するレンジャー隊員。2006年6月撮影。(75th Ranger Regiment)

ーはすんでのところでザルカウィを取り逃がしてしまった。ザルカウィはレンジャーの検問を狡猾にかわしたのでなく、単に運がよかったにすぎなかった。

　高速で通過するSUVをレンジャーの指揮官が敵と思わなかったため、レンジャーから阻止・攻撃されることなくザルカウィは逃走に成功した。のちに彼の潜伏場所が突き止められ、航空攻撃によって2006年6月にザルカウィは殺害される。攻撃直後、第2大隊C中隊の第2小隊のレンジャーはデルタ隊員に同行して、まだ煙を上げるザルカウィのアジトに踏み込んだ。

拉致されたイギリス人ジャーナリストを救出

 アルカイダのメンバーを拘束するべく、「タスク・フォース・ノース」は一夜に最大でターゲット8カ所の攻撃を実施した。攻撃の多くは教範どおりの戦術で、ターゲットから離れた地点でM1126ストライカーから下車して、隠密行動を保つため、最後は徒歩で接近した。

 M1126ストライカーも必要に応じて、火力支援や負傷者後送のため、前方に進出した。多くの場合、レンジャーは敵に気づかれることなくターゲットの建造物に突入して、カービン銃の銃身でテロリストを叩き起こした。ひそかに侵入できないときは、扉破砕用爆薬や閃光発音グレネードを使用した。

 2006年1月1日、「タスク・フォース・ノース」は思いもよらない戦果を上げた。この攻撃はその夜レンジャーが行なった最後の作戦で、優先順位が低い任務だった。

 作戦に使用されるヘリコプターの1機に不具合が生じ、この作戦自体が中止になるところだった。ヘリコプターの修理が幸いにも完了し、レンジャーは目立たない場所にあった農家を襲撃し、交戦することなく武装した数人を拘束した。

 農家を精密現地調査(SSE)すると、12月26日に反乱勢力に誘拐されて人質になっていたイギリス人フリーランス・ジャーナリストのフィル・サンズを偶然に発見した。

 2006年になるとイランがイラクの反乱勢力を支援していることが明らかになった。とくにシーア派が統治する南部でこの傾向が目立ち、即席爆発物(IED)によって負傷または戦死する有志連合兵士は増加した。この活動にイラン・イスラム革命防衛隊のエリート部隊であるアル・クドゥス軍が積極的に関わ

り、反乱勢力に情報や資金を提供していた。

イラク新政府の作戦介入

イギリス軍のSASとレンジャーはイランの「在イラク武装勢力支援」を断ち切る作戦に乗り出した。この作戦のため、レンジャーは新たに編成された「タスク・フォース17」に編合された。

2007年10月、レンジャーの連隊長が、「タスク・フォース17」の指揮をとるようになった。この「タスク・フォース17」はシールズ2個小隊とレンジャー2個小隊で編成され、シールズ偵察員やレンジャー偵察分遣隊(RRD)の支援を受けた。

ところが「タスク・フォース17」はシーア派が最大勢力となったイラク政府から、特定の一族や部族をターゲット・リストから外すよう要請された。たとえこれらの指定された者たちが反乱勢力に加担していても、これを攻撃するのは差し控えなければならなかった。

皮肉なことに「タスク・フォース17」の最も成功した作戦がさらなる行動の制限につながった。治安が悪化したサダー市で第2大隊B中隊がシーア派特別グループのリーダーを追跡する作戦を実施したとき、戦闘が大規模な市街戦となってしまった。レンジャーは戦闘を継続しながら退却を強いられ、作戦に参加したレンジャーの1人はこの退却を忌々しい「モガディシュ・マイル」の再現だと毒づいた。

反乱勢力の45人が死亡し、レンジャーに戦死者はなかったが、作戦について報告を受けたイラク政府によってサダー市での作戦実施が直ちに禁止された。

2007年4月に撮影された夜間にターゲット家屋へ接近する「タスク・フォース・レッド」のレンジャー隊員。単眼のAN/PVS-14や双眼のAN/PVS-15暗視装置を使用している。陸軍標準戦闘服（ACU）の上に戦闘防護服（PCU）フード付きジャケットを着用している。(75th Ranger Regiment)

MH-60Lヘリコプターからターゲットにファストロープ降下するレンジャー襲撃部隊。暗視装置を通してのみ視認できる赤外線スポットライトがブラック・ホークの前部で光っている。1機の航空機に搭乗するチームを「チョーク（白墨）」と呼ぶ。（米国防省）

イラク・アルカイダのナンバー2を射殺

2008年6月、レンジャーは追跡対象のうち最も重要なターゲットであるイラク・アルカイダのナンバー2の指導者アブ・カハフを殺害した。

この作戦はレンジャーの戦術面での大きな進歩を示すものだった。アブ・カハフが潜伏していた「クレセント・レイク・ターゲット」に増強されたレンジャーの1個小隊が派遣された。小隊の1つ目の分隊がM1126ストライカーの警戒にあたり、2

つ目の分隊がターゲットの建物に突入して襲撃を実行した。3つ目の分隊は予備兵力として、襲撃分隊に兵力の増援や負傷者の救出が必要となったときに備えた。最後の分隊にはターゲット周辺の交通遮断の任務が与えられた。

大隊のスナイパー・チーム4人が襲撃の監視にあたった。上空に監視機が飛行し、小隊長の遠隔操作高画質（Rover）端末へターゲットのライブ映像を送信した。

襲撃分隊が建物の入口に扉破砕用爆薬を取りつけると、屋根にいた敵の歩哨2人が異変に気づき、AK-47ライフルを手にして進んできた。この2人はスナイパーによって射殺された。

扉破砕用爆薬が爆発し、扉が破壊されると、襲撃分隊が建物に突入して室内を次々に掃討した。襲撃による混乱状態のなか、レンジャーはある部屋で1組の男女を発見し、男を拘束しようとした。男が服の中へ手を動かしたので、レンジャーは武器を取り出すものと判断して射殺した。急に女が倒れた男に駆け寄ったので女も射殺された。

レンジャーは、2人の所持品を検査し、男がボールベアリングを仕込んだ自爆ベストを着用しており、この男女が自爆ベストを爆発させるつもりだったことを確認した。

銃撃戦が続くなか、ピストルを手にしたアブ・カハフ自身も逃亡を試みて屋上に出てきたが、スナイパー・チームが射殺した。戦闘後の精密現地調査（SSE）で、レンジャーは多国籍軍基地に対する化学兵器を用いた攻撃計画書を発見した。

イラクのモスルで建物の屋上で警戒中のレンジャー分隊支援火器射手。M68エイムポイント光学照準器を取り付けたMk46分隊支援機関銃の左側面細部がよくわかる。戦闘防護服（PCU）ジャケットを着用し、ヘルメットの上部に正方形の反射テープが貼られている。反射テープは友軍の攻撃ヘリコプターやAC-130などが味方であることを識別できるようにするためである。
（75th Ranger Regiment）

レンジャー最後のイラク作戦

「クレセント・レイク・ターゲット」への強襲作戦が実施されたころ、「タスク・フォース17」のレンジャーは昼夜を問わず出動し、わずか3カ月のあいだに100回近くの作戦に参加した。そのため、従来の2個小隊では足らず、1個小隊を追加して増強する状況になっていた。

その反面、イラク駐留アメリカ軍の地位協定（SOFA）が2009年1月に発効されると、統合特殊作戦コマンドとレンジャーの行動は制限が加わり、すべての作戦にイラクの司法当局の許可が必要となった。

2010年4月に実施されたレンジャーの最終期の作戦の1つが、イラク軍特殊部隊との協同作戦だった。この作戦でザルカ

ウィの後継者でイラク・アルカイダの首領アブー・アイユーブ・アル・マスリーの殺害に成功した。ティクリートにあるマスリーがいた建物は、銃撃戦後に航空攻撃された。作戦の最終段階でヘリコプターが墜落し、レンジャー1人が死亡した。

第7章
進化する第75レンジャー連隊

第2大隊のレンジャー隊員が目標からの離脱を準備している。カルフォルニア州フォート・ハンター・リゲットで2014年1月30日に行なわれたタスク・フォース演習。(US Army)

変わるレンジャーの任務

 第75レンジャー連隊は、テロとの戦いがイラクとアフガニスタンで繰り広げられるまでは、アメリカ特殊作戦コマンド（SOCOM）と陸軍の中で単なるエリート軽歩兵として見られていた。

 伝統的なレンジャーの任務は、飛行場の制圧・確保や主力部隊（ティアー・ワン）が目標を攻撃する際に警戒部隊として作戦行動を実施することだった。すでに述べてきたように、このレンジャーの伝統的な任務は、アフガニスタン・イラク戦の初期まで続いていた。

 レンジャーの任務の変化は、段階的に現れた。混沌としたイラク戦争後、反乱勢力がイラクを内戦状態に陥れようとした。統合特殊作戦コマンド（JSOC）がイラク国内のアルカイダ、その同盟のスンニ派、さらに背後にイランが存在するとされたシーア派特別グループ戦闘員などの反乱勢力との戦いを主導するようになった。

 一連の作戦で特殊戦部隊の作戦回数と戦死者数が増大し、その数が見過ごせなくなり、JSOCはレンジャー連隊を頼って「タスク・フォース・レッド」に任務が与えられた。かつての連隊長だったJSOC司令官マッククリスタル少将のもとでレンジャー連隊はその期待に十分応えた。

レンジャーにも女性進出

 レンジャー連隊はイラク国内の地域タスク・フォースを指揮し、レンジャー偵察分遣隊（RRD）が2004年にJSOC直轄になったことで、その地位を上げた。

2012年にアフガニスタンのヘルマンド州でM1126ストライカーに搭乗し、周囲を「エアー・ガード」する第2大隊C中隊のレンジャー隊員（訳注：エアー・ガードとは走行中の車両から身を乗り出して徒歩で移動する兵士を警備し、周囲の警戒を行なうこと）。2005年にアフガニスタンとイラクで運用が開始された装輪式のストライカーは装軌式の車両よりもはるかに走行音が静粛で、夜間の目標接近に適していた。昼間の市街地作戦でも陸上機動車（GMV）より格段に防御力が高かった。搭載された12.7mm×99弾薬口径 M2重機関銃はサーマル照準装置を利用して車内から遠隔照準射撃操作ができる。（US Army）

　2007年、レンジャー偵察分遣隊（RRD）は連隊偵察中隊（RRC）と改称され、独立した特殊戦部隊となり、部隊単体で任務にあたるほか、JSOC所属のほかの部隊への支援にも運用された。

　2009年、レンジャー連隊はアフガニスタン戦線ですべてのJSOCタスク・フォースの指揮権を与えられ、新たな位置づけが明確になった。レンジャーは大隊の偵察チームをRRCの任務を遂行できる部隊に強化し、文化支援チーム（CST）の新設など、部隊や作戦の改革の先頭に立った。

　女性隊員で構成されたCSTは、攻撃作戦の事前に作戦地域のア

> （前ページのイラスト）M1126ストライカー：2005年にレンジャー連隊に導入された8輪の装甲兵員輸送車（ICV）のM1126ストライカーは、イラクとアフガニスタンの市街地戦闘で威力を発揮した。GMVにはない14.5mmの装甲と対戦車ロケット弾から車体を防御するスラット・アーマーを装備している。静粛性に優れたストライカーが導入されて、夜間に地上から目標へ接近することが容易になり、レンジャー連隊内での評価は高い。この車両は40mm Mk19オートマチック・グレネード・ランチャーと12.7mm M2重機関銃を遠隔操作できる武器ステーションに架装できる。車体を隠蔽するMk6発煙弾の発射筒を16門装備。M1126ストライカーはターゲットの制圧に必要な大火力をレンジャーに提供した。

フガニスタン女性住民と接触し交流を通じてイスラム文化を理解し、有益な情報を得ることができた。この任務は男性要員に不可能なことだった（本書執筆中に3人目の女性隊員がレンジャー学校を修了し、羨望のタブを手にした。この時点で女性隊員がレンジャー評価・選考プログラム〔RASP〕に参加することは許されていないが、まもなくこれも変更される）。(訳注5)

　飛行場の制圧と確保は依然としてレンジャー連隊の作戦必須任務（MET）の1つだ。レンジャー連隊はこの最重要任務を遂行できるよう、大隊規模のパラシュート降下を含む部隊の総力をあげた演習を毎年行なっている。現在レンジャー連隊は、この最重要任務のほかにダイレクト・ミッション、特殊偵察、人質救出、隠密潜入、精密現地調査（SSE）の5つの任務を作戦必須任務（MET）としている。

　訳注5：2016年12月、女性将校が初めてRASPを修了した。

「我々は特殊作戦部隊である」

　第75レンジャー連隊は、経験豊かで高い技術を持つ隊員が広範囲な特殊任務を遂行し、継続する激戦をくぐりぬけながら、

2013年当時の一般的なレンジャー連隊の歩兵小隊。写真の第2大隊所属のレンジャーは特殊戦用特別改良（SOPMOD）ブロック2キットで改良されたM4A1カービンとMk46分隊支援機関銃を装備。M4A1には光学照準器やレーザー照準器が装着されている。レンジャー連隊は特殊偵察、潜入、人質救出、精密現地調査など多様な「ダイレクト・ミッション」が主要任務になった。（US Army）

ほかの特殊作戦部隊隊員と同等レベルの技術を保持し続けられることを証明した。

　元連隊長であったクリストファー・ヴァネック大佐は連隊の進化の過程を次のように語る。

「9・11テロまで、レンジャー連隊は迅速な一撃を加える部隊として知られ、任務を完了すると主力部隊の到着を待つことになっていました。先鋒部隊と呼んでいただいても構いません。グレナダにおける『アージェント・フュリー作戦』やパナマにおける『ジャスト・コーズ作戦』がかつてのレンジャーが任されていた任務でした。ところが、アフガニスタンとイラクがすべてを一変させました。我々は特殊作戦部隊であり、一時的な行動にとどまらず、何年にもわたり恒久的に任務を遂行することができるようになったのです」

2006年、イラク北部で作戦中のレンジャーのスナイパー隊員。戦闘防護服(PCU)寒冷地ジャケットを着用し、ルポルド&スティーブンス社製照準器を装着した7.62mm×51 Mk11Mod.0ライフルで武装している。ヘルメットの後部に装着されたMS2000赤外線ストロボ・ライトとMICH TC2001ヘルメットの前部に取り付けられたAN/PVS-14単眼暗視装置がよくわかる。(75th Ranger Regiment)

第8章
レンジャーの武器

M9ピストルから新型拳銃へ

ここではレンジャー連隊や隊員が装備している武器(小火器、小型火砲・誘導武器)について紹介する。

拳銃は2007年から9mm×19弾薬を使うM9ピストルを標準装備品にしている。M9は市販もされているベレッタ・モデル92FSのアメリカ陸軍向けバージョンだ。(監訳者注)

このほかにもM9の派生型のM9A1や.40S&W弾薬を使用するグロック・モデル22も一部に支給されている。即応性が高く弾薬の威力があるグロック・モデル22の人気は高いが、全隊員には支給されておらず、派兵期間を終える者が交代要員に引き継ぎながら使用している。

大隊偵察チームと連隊偵察中隊(RRC)の隊員が銃口部に消音装置を装着したグロック・ピストルを携行しているのも目撃されている。

監訳者注:2018年にはSIGザウアー社のモデルP320ピストルとそのコンパクト型がそれぞれモデル17とモデル18の制式名をつけられて、新たなアメリカ軍の制式ピストルに選定された。

M4A1とアサルト・ライフルの更新

ライフルはパナマとソマリアで作戦が行なわれた1980年代から1990年代初めまで、5.56mm×45弾薬を使うM16A2アサルト・ライフルが主な個人携行武器となっていた。1990年代半ばになり短銃身に変更されたM16A2アサルト・ライフル派生型のM4カービンが標準装備品となった。

最初に支給されたのは半自動射撃と3発分射(バースト)射撃に切り替えられるM4カービンだったが、のちに半自動射撃

2013年にアフガニスタンで撮影された第3大隊所属のレンジャー隊員。背中にフレンチ・インディアン戦争にまで遡るレンジャーの最も伝統的な武器「トマホーク（アメリカ先住民族が使用した斧）」を携行している。ヘルメットの最上部にはHEL-STAR4赤外線ストロボ・ライトを装着。これは夜間作戦でほかの陸上部隊や上空の友軍機に「味方」であることを識別させるために使われる。ヘルメット前面の暗視装置とバランスをとるため後面に予備のバッテリー・パックが装着された。その横に即席爆発物（IED）が爆発した時に衛生兵が必要とする脳震盪の度合いを計測する衝撃計が装着されている。ヘルメットの下にソルディン無線ヘッドセットが装着され、AN/PRC-148無線機が右後部のパウチに入れられている。（US Army）

レンジャーの武器　167

レンジャーに支給されているM4A1カービンは、特殊戦用特別改良(SOP-MOD)ブロック2キットで改良されている。M4A1カービンは現地でカムフラージュ塗装され、銃身とほぼ同じ長さのピカティニー・レール付きの金属製ハンドガード、マグプル社製ポリマーPMAGマガジン、EOTech社製553光学照準器、スカウト・ライト、LA-5赤外線イルミネーターが装着されている。写真の隊員はクライ・プレシジョン社製マルチ・カム戦闘服を着用し、MSAソルディン無線ヘッドセットの上に、ライトやカメラを装着するサイドレールを備えたOps-Core社製カットアウェイ・ヘルメットをかぶっている。(US Army)

と全自動射撃に切り替えられる派生型のM4A1カービンに更新された。

　M4A1カービンには金属製のハンドガードを含む特殊戦用特別改良(SOPMOD)ブロック1キットが1993年に採用された。この仕様によりレンジャー隊員は任務に合わせてさまざまなアクセサリーをM4A1カービンに取り付けられるようになった。

　ハンドガード部分のピカティニー・レールと呼ばれる追加装備品装着レールには白色もしくは赤外線懐中電灯をはじめ戦闘に必要となる補助光学照準器などを装着することができる。

　SOPMODブロック1キットはM4A1カービン専用だった。

SOPMODブロック2キットを装備した武器は2005年に初めて戦場で使われた。SOPMODブロック2キットは個人携行武器だけでなく、複数の隊員が扱う火器を含むさまざまな火器の追加装備品の改良に焦点が移され、銃器に装着する追加装備品の採用と改良が進められた。

これらの中で特筆すべきものは、新採用のダニエルス防御レール統合システム（RIS）、EOTech社が開発した戦闘光学照準器（エルカン・スペクター）などがある。

全長の長いRISは複数の追加装備品を直列に装着させることができ、エルカン・スペクターは接近戦闘用の等倍率と遠距離用の4倍率の切り替えができるようになっている。

5.56mm×45弾薬を使用するMk16 SCAR-L（特殊作戦部隊用戦闘アサルト・ライフル-L）は、M4A1の後継機種として開発され、アフガニスタンに駐留していたレンジャーが実戦で使用して評価試験された。第1大隊C中隊はSCAR-Lアサルト・ライフルを使用して、2009年に初めて敵を倒した。

レンジャー連隊は、SCARに対する賛否両論の報告が上がるなかで、SOPMODブロック2キットを使用したM4A1カービンを継続して標準装備品とした。

一方、戦場の準スナイパーであるマークスマン向けライフルとして旧式ながらも信頼性の高かったM14の派生型に代えて7.62mm×51弾薬を使用するMk17 SCAR-Hアサルト・ライフルを調達した。(監訳者注)

　監訳者注：この種のライフルはアメリカ軍でマークスマン・ライフル、イギリス軍でシャープシューター・ライフルなどと区分され、重要目標の狙撃だけでなく、接近戦闘でほかの兵士とともに半自動射撃

KACサウンド・サプレッサー（減音器）を取り付けたM4A1カービンを構えるレンジャー隊員。現代戦において減音器は隠密行動で使うことがあまりなく、室内戦闘で銃声を低減させるというシンプルな目的のために使用される。写真の隊員はレンジャー・グリーンのプレート・キャリアを着用し、カムフラージュ・カバーのない初期に支給されたOps-Core社製ヘルメットをかぶっている。ヘルメットのソルディン無線ヘッドセットはカムフラージュ塗装。（US Army）

を使って戦闘に参加することを目的としている。

スナイパー・マークスマン用ライフル

スナイパーとマークスマン用に7.62mm×51弾薬を使用するMk20スナイパー・サポート・ライフルが採用されて実戦に投入された。これまで連隊で使用していたSR-25、Mk11、Mk12、M110セミオートマチック・スナイパー・ライフルは、Mk20とMk17に換装される予定である。（監訳者注）

監訳者注：このほかにも多くのSCARアサルト・ライフル・シリーズの派生改良型がレンジャーをはじめとするアメリカ特殊部隊によって限定的に採用され、テストされている。

レンジャーのマークスマンとスナイパーは、アンリカナイツ社が製作した7.62mm×51弾薬を使用するSR-25ライフルを1990年代から使用しており、特殊作戦コマンド（SOCOM）向けのMk11ライフルと陸軍用M110派生型ライフルも使用されている。

　当初は小隊で、のちに分隊で指定されたマークスマンは、5.56mm×45弾薬を使用するM16アサルト・ライフル派生型で海軍向けに開発されたMk12特殊目的ライフル（SPR）を装備している。

　7.62mm×51弾薬口径のM24スナイパー・ライフルはボルトアクション式で、セミ・オートマチックのSR-25に比べて射撃精度はわずかに高いものの、手動連発方式のためすばやい連射ができず装塡できる弾薬数も限られているため、一般戦闘や室内戦闘で使用するには不向きとされる。

　アフガニスタンの戦闘にレンジャーのスナイパー・チームは通常SR-25セミ・オートマチック・スナイパー・ライフル1挺に加え、M24ボルト・アクション・スナイパー・ライフルまたはMk13ボルト・アクション・スナイパー・ライフルを1挺携行して作戦に出動した。

　Mk13ボルト・アクション・スナイパー・ライフルは、.300口径ウィンチェスター・マグナム弾を使用する。M24ボルト・アクション・スナイパー・ライフルは、現在.300口径弾薬を使用するM2010派生型へ更新されつつある。

　使用する弾薬を変更可能なマルチキャリバーのMk21精密スナイパー・ライフルと併用することで、レンジャーのスナイパーは任務に応じて、7.62mm×51、.300ウィンチェスター・マグナ

M24スナイパー・ライフルの照準を合わせる第3大隊のN・アーヴィング軍曹。2009年10月15〜22日にフォート・ベニングのワグナー射場で行なわれた米陸軍国際スナイパー競技会「防御射撃」課目の様子。(75th Ranger Regiment)

M24スナイパー・ライフル (Jimbo)

M107アンチマテリアル・ロングレンジ・ライフル (Jimbo)

　ム、.388ラプア・マグナムを選択できるようになる。

　12.7mm×99弾薬を使用するM107アンチマテリアル・ロングレンジ・ライフル(バレットM82A1)も長距離の狙撃や対物破壊用としてまだ装備している。

M249分隊支援機関銃（Jimbo）

分隊支援機関銃の多様化

　5.56mm×45弾薬口径のM249分隊支援機関銃（SAW）は1980年代から使われ、1990年代末には軽量化された特殊目的火器（SPW）派生型も製作された。

　現在、アメリカ特殊作戦軍用に設計されたSAWの派生型Mk46 Mod.0機関銃が使用されている。一般的な歩兵部隊と同様に4人のレンジャー火器チームには1人の分隊支援機関銃手がいて、Mk46 Mod.0機関銃を携行している。

　近年、Mk46 Mod.0機関銃は、折りたたみ式の銃床を持つM249分隊支援機関銃に更新されつつある。

　小隊の火器分隊の機関銃手は7.62mm×51弾薬口径のM60汎用機関銃を使用していたが、1990年代初頭に同一弾薬を使用するベルギーFN社原案のM240B（MAG機関銃）が標準装備品となった。

　M60汎用機関銃とM240B機関銃はしばらく並行して装備され、1993年のソマリアでは両方が使用された。

　Mk46 Mod.0機関銃を大型化し、7.62mm×51弾薬を使用できる

2012年3月にアフガニスタンのカーブル州で撮影された短銃身のMk46分隊支援機関銃を射撃するレンジャー分隊支援火器射手。ハンドガードにはEOTech光学照準器とLA-5赤外線イルミネーターを装着している。(米国防省)

エルカンM145光学照準器が取り付けられたMk48分隊支援機関銃で武装したレンジャー隊員。近年のレンジャーの任務は「ダイレクト・ミッション」が多いが、2014年の即応演習で実施されたように現在でも飛行場制圧・確保の訓練を行なっている。(US Army)

2012月3月にアフガニスタンのカーブル州で撮影された小火器射撃訓練。M320グレネード・ランチャーから発射された直後の40mmグレネードが空中に見える。後方に二脚を開いたサウンド・サプレッサー付きのM110またはMk11ライフルが置かれている。(米国防省)

120mm迫撃砲で射撃中の第2大隊のレンジャー隊員。2014年1月30日にカルフォルニア州キャンプ・ロバーツで行なわれた戦術訓練の様子。(US Army)

> （前ページのイラスト）**MH-6リトル・バード（2007年）**：第160特殊作戦航空連隊（SOAR）のパイロットが操縦するMH-6リトル・バード特殊作戦用ヘリコプターの機外搭乗システムのピープル・ポッドと呼ばれるベンチから警戒中のレンジャー隊員。より大型のMH-60ブラック・ホーク特殊作戦用ヘリコプターで空中機動するレンジャー襲撃隊は、着陸せずにファストロープ降下する場合が多い。MH-6は市街地の道路やターゲット建造物の屋上などの狭い場所でも着陸でき、襲撃隊が一気に降着し展開できる。イラストに描かれているように、MH-6にもロープを吊り下げるファストロープ降下・離脱システム（FRIES）が装備され、柔軟な戦術行動ができるようになっている。機体は黒く見える濃いドラブ・グリーン色で塗装されている。

ようにしたMk48 Mod.0機関銃とM240B（MAG機関銃）を併用することで火力を増強できる。

レンジャーは、銃身が短く、機関部フレームをチタニウムで軽量化した62mm×51弾薬口径のM240L機関銃の導入を歓迎した。

グレネード・ランチャーと迫撃砲

ライフルの銃身の下に装着されるグレネード・ランチャー（榴弾発射器）は、旧式のM203UBGLと近年採用されたM320UBGLが使用されている。ともに40mm×46榴弾を使用する。

M320UBGLはライフルから取り外して単体の榴弾発射器として使用することもできる。榴弾は目的に応じて、散弾、発煙弾、衝撃弾やその他の特殊目的榴弾などの多種多様な弾種が用意されている。

特殊目的榴弾の中には非殺傷無力化武器の1つで、閃光音響筒と呼ばれるドイツ・ラインメタル社製のMk13サウンド・アンド・フラッシュBTV-ELグレネード、M84スタン・グレネード

がある。トンネルや洞窟の入り口を破壊するのに最適なMk14対建造物榴弾サーモバリック・グレネード（ASM）がある。

　掩蔽壕に潜む敵を制圧するために、使い捨てのM72A6対戦車ロケット弾（LAW）発射筒やAT-4（M136）対戦車無反動砲を携行することも多い。

　とくにアフガニスタンにおいて、敵が掩蔽壕として利用したブドウ乾燥小屋は頑丈で小火器の銃弾に耐えられるため、この破壊にロケット弾発射筒は必備だった。

　レンジャーが戦闘に携行する火器の中で最も重量のあるのが84mm無反動砲カール・グスタフM３レンジャー対戦車武器システム（RAWS）で、部隊内では「ザ・グース（ガチョウ）」と呼ばれている。

　大隊本部直轄の迫撃砲小隊は、口径81mmと120mm迫撃砲を装備し、必要に応じて中隊や小隊の火力支援にあたる。

　中隊にも武器小隊があり、アフガニスタンでは目標周辺の警戒配置についた小隊には60mm迫撃砲チームが同行した。

　60mm迫撃砲チームは機関銃チーム、スナイパー・チーム、グース・チームとともに火力支援グループを編成することもあった。

　さらに連隊は赤外線画像誘導による撃ちっ放し方式のFGM-148ジャヴェリン対戦車ミサイルも保有している。アフガニスタンの戦闘において、塀越しに目標を攻撃するのに活用された。

参考文献

Blaber, Pete『The Mission, The Men, And Me: Lessons from a former Delta Force Commander（任務、兵士、そして私：デルタ・フォース指揮官が学んだこと）』（New York; Berkley, 2008）

Briscoe, Charles H., Kenneth Finlayson, Robert W. Jones Jr., Cherilyn A. Walley, A. Dwayne Aaron, Michael R. Mullins, & James A. Schroder『All Roads Lead to Baghdad: Army Special Operations Forces in Iraq（すべての道はバグダッドに通ず：イラク駐留陸軍特殊作戦部隊）』（North Carolina; USASOC History Office, 2013）

Bryant, Russ & Susan『Weapons of US Army Rangers（アメリカ陸軍レンジャーの兵器）』（St. Paul; Zenith, 2005）

Couch, Dick『Sua Sponte:The Forging of a Modern Ranger（自発心：現代レンジャーの鍛え方）』（New York; Penguin Books, 2012）

Hall, Russ『The Ranger Book: A History 1634-2006（レンジャー大百科 1634〜2006年）

Irving, Nicholas with Gray Brozek『The Reaper（収穫者）』（New York; St. Martins, 2015）

Naylor, Sean『Relentless Strike: The Secret History of Joint Special Operations Command（激しい攻撃：統合特殊作戦コマンドの隠された歴史）』（New York; St. Martins, 2015）

Paskauskas, Joel B.『Rangers: The US Army's 75th Ranger Regiment（アメリカ陸軍第75レンジャー連隊）』（Tsuen Wan, New Territories; Concord, 2001）

Robinson, Linda『One Hundred Victories: Special Ops and the Future of American Warfare（100の勝利：特殊作戦とアメリカの将来戦）』（Philadelphia; Public Affairs, 2013）

Self, Nate『Two Wars（2つの戦争）』（Colorado Springs; Tyndale, 2008）

Skovlund, Marty Jr.『Violence of Action:The Untold Stories of the 75th Ranger Regiment in the War on Terror（勇猛な戦い：対テロ戦争における第75レンジャー連隊の知られざる戦歴）』（Colorado Springs, Blackside Concepts, 2014）

Urban, Mark『Task Force Black: The Explosive True Story of the SAS and the Secret War in Iraq（タスク・フォース・ブラック：SASとイラクの秘密戦争の驚くべき真実を解明する）』（London; Little Brown, 2010）

Walker, Greg『At Hurricane's Eye: US Special Operations Forces from Vietnam to Desert Storm（ハリケーンの目：ベトナムから砂漠の嵐作戦までのアメリカ特殊作戦部隊）』（New York; Ivy Books, 1994）

監訳者のことば

　本書『米陸軍レンジャー』（US Army Rangers 1989-2015）は、『M16ライフル』『ＡＫ-47ライフル』に続いて、私が監訳を担当させていただいた、ミリタリー研究の分野では定評のあるオスプレイ社のシリーズの１つである。

　著者のリー・ネヴィル氏は同シリーズで数多くの著作があり、兵器についてはもちろん、特殊作戦部隊の組織や運用、その実像について精通している軍事ジャーナリストである。

　私は「レンジャー」部隊といえば、挺進行動によって敵中深く潜入し、破壊活動や特定目標の襲撃、あるいは人質救出などの特別任務を、その卓越した能力と精神力で遂行する「戦闘の鉄人」といったイメージを漠然と抱いていた。

　そもそも「レンジャー（ranger）」の語源は「徘徊者」という意味で、それが転じてアメリカ西部開拓時代に辺境を踏破、パトロールした「テキサス・レンジャー」のように固有名詞化したものだという。

　さらに第２次世界大戦では、アメリカ陸軍が特別に訓練された兵士たちで編成された部隊をもって特殊任務や遊撃作戦を数多く実施し、彼らを「レンジャー」と呼び、イギリス軍の「コマンドゥ」と双璧をなす特殊部隊を表す代名詞として広く知れるようになった。

　本書は、冒頭でアメリカ陸軍レンジャー部隊の起源から第２次世界大戦で果たした任務と戦歴を紹介している。それによれば、かつてのレンジャーの役割が、戦争遂行という大きな歴史

の中では重要ながらもそのごく一部であり、きわめて限定的なものであったことがわかる。

ところが1980年代以降、このポジションは大きく変化していく。本書は、1986年のパナマ進攻「ジャスト・コーズ作戦」から、ソマリア、アフガニスタン、イラクと続く作戦・行動を時系列で詳述しながら、レンジャーの任務が主作戦を有利に運ぶための単なる「尖兵部隊」以上の要求を課せられていく過程とその背景を解き明かしている。

2001年の9.11テロ攻撃以降、第75レンジャー連隊は同じ陸軍のデルタ・フォース、海軍のシールズ・チーム、空軍の特殊戦術中隊などとともに統合特殊作戦コマンドを構成し、いまや対テロ戦争に挑む主力の1つに変貌したのである。

銃器や小型火器の研究を専門としている私は、軍隊の運用や戦史に関しては熟知しているとは言いがたいが、本書にはレンジャーが装備している武器についての記述も多く、それがまた、描かれている戦闘の実相をリアルに再現しており、その内容の正確さを期すのが監訳を引き受けた所以でもある。

読み進めるうちに、これまで私が実物を手にしたり、試射したこともある小銃や機関銃も登場し、レンジャーたちが特殊作戦の実際の戦場で、これらの武器をどのように使用し、評価しているのか、新たな知見を教えてくれた。

読者にとっても、知られざる特殊作戦とレンジャーの実像を明らかにするとともに、現在あるいは将来、アメリカが軍事力を行使する事態が起こったときの近未来戦の様相と、そこでどのような作戦の展開、戦術の実行が可能なのか、予測するうえで多くの示唆を与えてくれるに違いない。

US ARMY RNANGERS 1989-2015 Panama to Afghanistan
Osprey Elite Series 212
Author Leigh Neville
Illustrator Peter Dennis
Copyright © 2016 Osprey Publishing Ltd. All rights reserved.
This translation published by Namiki Shobo by arrangement
with Osprey Publishing, an imprint of Bloomsbury Publishing
PLC, through Japan UNI Agency Inc., Tokyo.

リー・ネヴィル（Leigh Neville）
アフガニスタンとイラクで活躍した一般部隊と特殊部隊ならびにこれら部隊が使用した武器や車両に関する数多くの書籍を執筆しているオーストラリア人の軍事ジャーナリスト。オスプレイ社からはすでに6冊の本が出版されており、さらに数冊が刊行の予定。戦闘ゲームの開発とテレビ・ドキュメンタリーの制作において数社のコンサルタントを務めている。www.leighneville.com

床井雅美（とこい・まさみ）
東京生まれ。デュッセルドルフ（ドイツ）と東京に事務所を持ち、軍用兵器の取材を長年つづける。とくに陸戦兵器の研究には定評があり、世界の権威として知られる。主な著書に『世界の小火器』（ゴマ書房）、ピクトリアルIDシリーズ『最新ピストル図鑑』『ベレッタ・ストーリー』『最新マシンガン図鑑』（徳間文庫）、『メカブックス・現代ピストル』『メカブックス・ピストル弾薬事典』『最新軍用銃事典』（並木書房）など多数。

茂木作太郎（もぎ・さくたろう）
1970年東京都生まれ、千葉県育ち。17歳で渡米し、サウスカロライナ州立シタデル大学を卒業。海上自衛隊、スターバックスコーヒー、アップルコンピュータ勤務などを経て翻訳者。訳書に『F-14トップガンデイズ』『スペツナズ』『欧州対テロ部隊（近刊）』（並木書房）がある。

米陸軍レンジャー
―パナマからアフガン戦争―

2018年5月30日　印刷
2018年6月5日　発行

著　者　リー・ネヴィル
監訳者　床井雅美
訳　者　茂木作太郎
発行者　奈須田若仁
発行所　並木書房
〒104-0061東京都中央区銀座1-4-6
電話(03)3561-7062　fax(03)3561-7097
http://www.namiki-shobo.co.jp
地　図　柳杭田碧生
印刷製本　モリモト印刷
ISBN978-4-89063-373-9

スペツナズ
ロシア特殊部隊の全貌

M・ガレオッティ著／小泉悠監訳／茂木作太郎訳　ロシア軍最強の特殊部隊「スペツナズ」は高度の戦闘力と残忍さ、そして高い技術で名声を轟かせている。だがその詳細を知る人は少なく、存在は神格化されている。部隊の誕生から組織・装備まで多数の秘蔵写真とともに、その実像に迫る！

秘密部隊の実像初公開！
ロシア軍最強の
特殊部隊スペツナズ

定価１８００円＋税

M16ライフル
米軍制式小銃のすべて

G・ロットマン著／床井雅美監訳／加藤喬訳　1958年の登場以来、今なお更新と改良を重ねるM16ライフル。その斬新なデザインゆえに、信頼性と性能をめぐり評価は分かれてきた。元米陸軍特殊部隊「グリーンベレー」の兵器専門家である著者がM16ライフルの多難な開発史のすべてを明かす！

米軍制式小銃開発秘史！
M16ライフルから
M4カービンへ

定価１８００円＋税

AK-47ライフル
最強のアサルト・ライフル

G・ロットマン著／床井雅美監訳／加藤喬訳　取り扱いが容易で故障知らずのAK-47ライフルは使い手を選ばない。AKライフルを撃つだけでなくAKに撃たれる戦闘も体験している著者が、カラシニコフのライバルだったM16ライフルとの比較を交えながら、AKライフルの全てを徹底検証する！

世界の戦場で実証された
AK-47ライフルの
実力を徹底詳解！

定価１８００円＋税